Veronika Busse

Patchwork-Quilting
Log Cabin

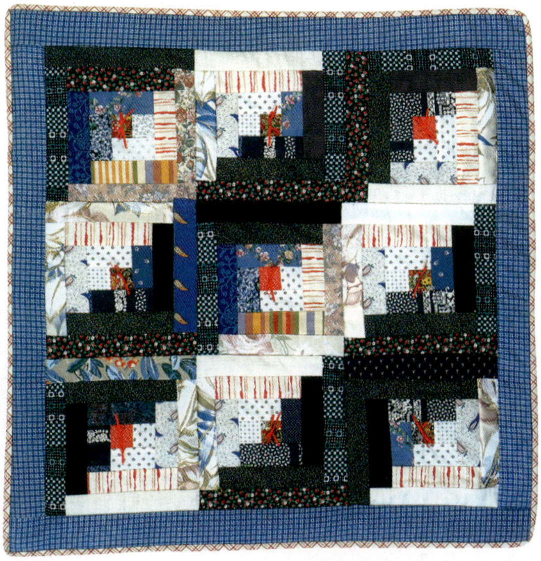

Veronika Busse

Patchwork-Quilting Log Cabin

Schnelle Quilts
im
Blockhaus-Muster

Variationen
und
Anwendungsideen

Augustus Verlag

Inhalt

Vorwort

Quilt oder Kilt?

Sie können mit dem Wort „Quilt“ nichts anfangen? Bei „Patch“ verstehen Sie nur Bahnhof? Und „Log-Cabin“ sagt Ihnen ebensowenig wie „Sashes“ und „Batting“? Alles böhmische Dörfer, oder was? Nein, ganz falsch. Das sind die traditionellen amerikanischen Bezeichnungen für die Herstellung eines Quilts, fälschlich auch „Pätschwörkdecke“ genannt. Patch klingt immer irgendwie nach „ätsch“. Richtig ist, daß aus Patchwork ein Quilt entstehen kann, aber nicht muß. Häufig wird daraus nur ein „UFO“, ein „unvollendetes Objekt“.
Vergleichen wir einen Quilt mit einem Sandwich, so besteht er aus einem textilen Oberteil, einer Füllung und einer Rückseite. Die Oberseite kann gepatcht, appliziert oder aus einem Stück hergestellt sein, sie wird wattiert, rückwärts mit Stoff abgefüttert und dann gequiltet.
Ein Quilt (Kwillt gesprochen) ist auch keine „Pätschwörkdecke“, denn: „It’s not a quilt until it’s quilted, before it’s only a patchwork blanket.“ Also erst durch das Quilten – und zwar von Hand – wird aus einer Patchworkdecke der sehr viel wertvollere Quilt.
Das Schlimmste, was Sie machen können, ist, einen Quilt mit einem Kilt (Schottenrock) zu verwechseln. Falls in Ihrer Quiltgruppe irgend jemand diesen Sprachfehler hartnäckig beibehält, rate ich Ihnen, die Gruppe zu wechseln und die anderen ruhig „kilten“ zu lassen. Denen ist nicht zu helfen. Ich weiß gar nicht, wie sich dieser böse Sprachfehler überhaupt breit machen konnte. Man sagt ja auch Quitten oder Quittung , nicht „kitten“ und „Kittung“. Ich habe fast fünf Jahre in Oklahoma gelebt und versichere Ihnen: Niemand nennt dort einen Quilt „Kilt“. Es ist wie mit jeder sachbezogenen Sprache, man muß sie lernen, um kommunizieren zu können. So ist es in der Computersprache, der Musik, der Malerei, dem Sport – man könnte viele Beispiele nennen. Im Glossar am Ende dieses Buches finden Sie einige gebräuchliche Quiltbegriffe und ihre Kurzerklärung, damit Sie schnell mitreden können. Außerdem erfahren Sie in der Einführung etwas über die Farben und Formen, lernen, wie Sie die abgebildeten Quilts anfertigen und einen Log-Cabin-Quilt an nur einem Tag nähen können.

Kilt = Schottenrock

Wie einige Quilterinnen bringe auch ich meine Quilt-Kenntnisse aus unserem mehrjährigen USA-Aufenthalt mit. Am Anfang stand der Wunsch, einen Stapel alter handgenähter Quilts zu sammeln, um unser Haus damit zu dekorieren, wie es in so vielen amerikanischen Kolonialstilhäusern der Fall ist. Meine Sammelleidenschaft hielt sich aufgrund der relativ hohen Preise für schöne handgearbeitete Quilts in Grenzen. Mein erster selbstgenähter Quilt entstand Anfang der achtziger Jahre in Fort Sill, Oklahoma. Dank der vielen netten amerikanischen Frauen, der Leichtigkeit, preisgünstiges Material zu erwerben (sogar sonntags) und der unkomplizierten Art und Weise, die verschiedenen Techniken in Kursen zu erlernen, ist es mir gelungen, meinen Wunsch zu erfüllen. Heute stapeln sich die Quilts.
Mit der gleichen Unkompliziertheit, mit der mir das Quilten in den USA begegnete, versuche ich heute die Freude am traditionellen amerikanischen Quilt an möglichst viele Frauen weiterzugeben.

Meine Geheimnisse für den Log-Cabin heißen:
Mehr Mut zur Farbe!
Handgequiltet muß er sein!
Dieses Buch richtet sich an interessierte Anfänger und Fortgeschrittene gleichermaßen. Ich möchte damit allen Leserinnen sagen: Es ist keine Kunst, einen Quilt zu nähen, wenn man eine gute Anleitung, bestes Material und Qualitätswerkzeuge dazu hat. Viel Spaß beim Blättern in diesem Buch und viel Freude mit Ihrem ersten Log-Cabin-Quilt! Ich bin sicher, es wird nicht der einzige bleiben.

Ihre

Quilts: Decken mit Geschichte

Ein Quilt ist mehr als eine wärmende Decke zum Kuscheln, die von Frauen – vereinzelt auch von Männern – für die eigenen Schlafbedürfnisse genäht wird. Ursprünglich wurde der Quilt nur aus den Resten noch brauchbarer Stücke getragener Kleidung, teilweise aber auch aus neuen Stoffen gearbeitet. Auch wenn unser Log Cabin heute schnell mit der Maschine genäht wird und aus eigens dafür gekauften, neuen Stoffen entsteht, wird er ebenso warm, herzlich und einmalig sein wie seine Vorgänger aus der Pionierzeit, die aus penibel zusammengesuchten Stoffresten entstanden.

Ursprünglich diente die Herstellung von Quilts einem praktischen Zweck, und alte Quilts sind durch langjährigen Gebrauch – oft über Generationen hinweg – abgenutzt und verblaßt, doch gehören sie ohne Zweifel zum schönsten Ausdruck amerikanischer Volkskunst. Quilterinnen waren von jeher stolz auf ihre Arbeit. Außerdem erfüllten sie eine wichtige soziale Funktion in den entlegenen Siedlungsgebieten der USA. Man traf sich, um sich gegenseitig zu helfen, zu plaudern und die alltäglichen Sorgen, Probleme und Freuden zu teilen. Es gehört eine Menge Disziplin und Durchhaltevermögen dazu, einen schönen Quilt zu machen. Ein paar goldene Regeln, ein System der Arbeitsschritte, mehr Mut zur Farbe und bestes Werkzeug sind dazu nötig.

Schon im letzten Jahrhundert hat die Textilindustrie in den USA dieses Hobby erkannt und spezielle Quiltstoffe auf den Markt gebracht. Heute kann man auch in Deutschland die richtigen Baumwollstoffe, das nötige Werkzeug, Bücher und seit neuestem sogar Computerprogramme in Quiltgeschäften oder bei Spezialversendern erwerben, Kurse in den verschiedenen Techniken

Ein moderner „patriotischer“ Quilt – hier aus Stoffen mit amerikanischen Motiven für einen USA-begeisterten Teenager genäht.

belegen, Ausstellungen besuchen oder sich selbst daran beteiligen.
In Europa entwickelten sich regional sehr unterschiedliche Stile. In vornehmen Häusern waren eher die feinen Applikationsquilts in Mode, während der Patchworkquilt die Betten der einfacheren Bevölkerung zierte. Die Holländerinnen bevorzugten Blumenmotive zum Beispiel Tulpen, die Französinnen Weinranken, Frucht- und Efeumotive, die Engländerinnen Rosen über Rosen und den sogenannten „Whole Cloth Quilt", der aus einem Stoffstück mit einem zentralen Quiltmotiv gearbeitet war. Die Spanierinnen verarbeiteten Samt, Brokat und Seide, die Irinnen bevorzugten das Kleeblatt als Motiv und von den Frauen der Holzfäller, der Logger, soll das Blockhausmotiv stammen, das uns heute als Log Cabin bekannt ist und das Thema in diesem Buch darstellt.
Im kolonialen Amerika blühte die Volkskunst der Quiltmaker zur Hochform auf und durchlief fünf voneinander zu trennende Epochen: Die **Kolonialzeit** brachte Stücke hervor, die denen der Ursprungsländer sehr ähnlich waren. Die **Revolutionsperiode** setzte französische Akzente, die mit applizierten Randmotiven ergänzt wurden.
Die **Pionierepoche** war die eigentlich typisch amerikanische Country-Quiltzeit der Resteverwertung.
Die **Patriotischen Quilts** wurden durch die Zeit des Bürgerkrieges 1861–1865 geprägt.
Die **Centennial Quilts** (Jahrhundert-Quilts) der siebziger Jahre des letzten Jahrhunderts wurden anläßlich der hundertjährigen Unabhängigkeit der Vereinigten Staaten gearbeitet. Und so fanden auch zum zweihundertjährigen Bestehen überall in den USA große Quiltwettbewerbe und Ausstellungen statt.

Der Log-Cabin-Quilt

Das traditionelle Muster „Log Cabin" (deutsch: Blockhaus) geht zurück auf die Pionierzeit. Es ist das am häufigsten angefertigte Motiv und in den USA in fast jedem Country-House zu finden. Man sagt, die Frauen der Logger, der Holzfäller, hätten dieses Muster am liebsten genäht.
Log heißt Balken, *Cabin* Hütte, und der Herd steht in der Mitte. Daraus erklärt sich die Symbolik dieses Musters: Das Quadrat in der Mitte, traditionell in Rot, symbolisiert das Herz, die Liebe, die Wärme, den Herd, die Mutter, die Seele des Hauses. Die Streifen des einzelnen Blocks stellen die Balken dar, aus denen das Haus erbaut ist. Die eine Seite ist die Sonnenseite, die andere ist die Schattenseite des Hauses, so wie im wirklichen Leben.

Wenn die einzelnen Blocks in verschiedene Richtungen gedreht zu einem Quilt angeordnet werden, entstehen viele unterschiedliche neue Motive. Ein solches Motiv heißt zum Beispiel „Barn Raising" (Barn = Scheune, raising = errichten), wir nennen es Medaillon. Während die Männer die Farm bewirtschafteten, quilteten die Frauen mit den Nachbarinnen, Freundinnen und Verwandten gemeinsam im Haus. Das ging reihum, und so bekam jede ihren Quilt sehr schnell fertig. Wie schade, daß das bei uns so schwer einzuführen ist! Oft wurde am Abend gesellig zu-

Die Resteverwertung der Pionierepoche inspirierte zu diesem Quilt, der aus neuen Stoffen genäht wurde.

sammengesessen, gegessen und getanzt. Die Furchen der frisch gepflügten Felder inspirierten die Frauen zu der Hell-Dunkel-Anordnung, und sie nannten sie „Straight Furrow“ (Gerade Furchen; Diagonalen). Andere Muster sind zum Beispiel „Courthouse Steps“ (Treppen zum Gericht), „Light and Dark“ (Hell-Dunkel) oder „Zigzag“ (Zickzack).

Von all diesen Motiven wurden und werden unzählige Variationen von ganz unterschiedlichem Reiz gemacht. Die einen krumm und schief, aber brillant in den Farben, die anderen äußerst exakt und manche aufgrund des mangelnden Kontrasts auch langweilig. Quilts sind eben so unterschiedlich, wie die Menschen, die sie machen.

Eigentlich sollte jede Quilterin ihren ersten Log-Cabin-Quilt traditionell arbeiten, um die Bedeutung der Farben in Bezug zum Muster zu begreifen (lesen Sie dazu Seite 12 ff.).
Um anfangs eine Gefühl dafür zu bekommen, möchte ich Ihnen folgende Geschichte, die ich in Oklahoma gelesen habe, erzählen:

It's not only a Quilt, it's a feeling*

Stell dir vor, du bist ein Kind, lebst in den USA im Amerika der Siedlerzeit und wohnst in einem Holzhaus. An einer Seite der Küche ist eine Feuerstelle, und deine Mutter kocht dort das Essen. Es ist deine Arbeit, das gehackte Holz zu stapeln und hereinzubringen.
Die Wände sind schief, die Spalten zwischen den Balken lassen den kalten Winterwind herein. Dein Platz zum Schlafen ist in einer Ecke über der Küche, und die aufsteigende Wärme temperiert dein Bett ein bißchen. Ansonsten frierst du an den Füßen, und deine Zähne klappern vor Kälte. Schnell gehst du in dein Bett und ziehst dir die Decke über die Ohren. Langsam erwärmst du dich unter der liebevoll gemachten Log-Cabin-Decke.
Jetzt erinnerst du dich an den letzten Winter, als deine Mutter abends aus alten abgetragenen Kleidern das Oberteil für diese Decke anfertigte. Stück für Stück nähte sie die winzigen Teile mit der Hand zusammen. Eine dicke warme Decke nahm sie zur Füllung und ein altes Bettlaken als Rückwand. Mit großen Stichen heftete sie dieses textile Sandwich zusammen.
Dann fällt dir ein, wie dein Vater aus langen Holzteilen einen Rahmen baute, der einen Platz in der Küche fand. An einem Sonntag kamen deine Tante und verschiedene Nachbarsfrauen zu Besuch. Einige von ihnen brachten ihre Kinder mit, die auch in deinem Alter waren. Während ihr draußen spieltet, saßen die Frauen in der Küche an dem Rahmen, auf den dein Quilt gespannt war, und quilteten.
Zusammen in einer fröhlichen Runde quilteten sie die drei Lagen in mehr oder weniger kleinen und großen Stichen. Alle gaben sich die größte Mühe, aber die Stiche deiner Mutter waren die schönsten. Als sie fertig waren, wurde die Decke eingefaßt.
In dieser Nacht konntest du dich das erste Mal unter deinen eigenen Quilt kuscheln. Als es dir kalt um die Nase wurde, zogst du dir den Quilt über den Kopf, und du fühltest, wie warm es dir ums Herz wurde bei dem Gedanken an die fleißigen Hände, die heute nachmittag noch an dem kuschlig warmen Quilt gearbeitet hatten.

Dieser alte, verschlissene Quilt stammt aus Kanada. Näheres darüber lesen Sie auf Seite 38.

*Deutsch:
Es ist nicht nur ein Quilt, es ist auch ein Gefühl!

Material

Der Stoff, aus dem Log-Cabin-Quilts sind

Nur bestes Material garantiert auch beste Ergebnisse.
Wenn Sie sich schon in unserer heutigen, schnellebigen und hektischen Zeit die Zeit nehmen, einen Quilt selbst herzustellen, dann sollten Sie nicht mit minderwertigen Stoffen und Werkzeugen arbeiten. Man kann aus Magermilch keine gute Butter machen, und das gilt auch für Handarbeiten. Stoffe, Nähfäden, Vlies, Werkzeuge und die Nähmaschine sollten daher nur von allerbester Qualität sein.

Schöne Stoffe finden Sie in speziellen Patchworkläden. Legen Sie einen Vorrat an, aber waschen und bügeln Sie die Stoffe vor ihrer Verwendung.

Stoffe

Erlaubt ist, was gefällt – alte Stoffe ebenso wie neue Stoffe. Am leichtesten läßt sich ein Quilt aus reinen Baumwollstoffen nähen.
Das Mischen von Materialien ist ein bißchen gefährlich, weil sich die Stoffe ganz unterschiedlich dehnen und es dadurch leicht zu Ungenauigkeiten kommt. Auch beim Bügeln klebt manch ein Stoff schnell am Eisen fest, was ausgesprochen ärgerlich sein kann. Abgesehen davon lassen sich unterschiedliche Materialien nicht gut quilten, geschweige denn waschen. Kaufen Sie von Ihrem Lieblingsstoff jede erschwingliche Menge auf Vorrat. Dann waschen und bügeln Sie ihn und legen ihn zu Ihrer Stoffsammlung, bis der Tag seiner Bestimmung kommt.
Das Waschen des Stoffes vor der Verwendung hat den Vorteil, daß möglicherweise überschüssige Farbe „ausblutet“ und der Stoff später nicht mehr eingeht. Glänzender Chintz kann dabei etwas von seinem Glanz verlieren.
Billige Baumwollstoffe sind oft sehr gestärkt (imprägniert): Diese Stärke verlieren sie beim Waschen und werden lappig. Stoffe mit Fehlern, die preislich günstiger sind, sollten Sie nicht verschmähen. Beim Zuschneiden können diese Fehler leicht ausgespart werden.
Machen Sie einen Knittertest. Je mehr Knitter, desto besser der Baumwollanteil. Bei zu hohem Synthetikanteil bleibt der Stoff knitterfrei, auch wenn

Sie ihn als Baumwolle gekauft haben. Indische Baumwolle ist zu locker gewebt, so daß später das Vlies herausquillt. Es entstehen dann lauter kleine, ungewollte Knötchen an Stellen, an denen sie nicht sehr attraktiv aussehen.

Nähfaden

Um gleichmäßige Stiche mit Ihrer Nähmaschine zu erhalten, ist es notwendig, immer die gleiche Ober- und Unterfadenqualität zu verwenden. Wenn Sie Baumwollstoffe verarbeiten, nehmen Sie Baumwollgarne, bei Seide natürlich Seide, und bei Mischgewebe einen Universalfaden. Es ist nicht notwendig, immer den passenden Farbton zu verwenden. Sie können ruhig alle vorhandenen Restfäden verarbeiten. Stoff- und Fadenqualität hingegen sollten immer zueinander passen.

Quiltgarn

Zum Quilten mit der Hand wird ein extra starker, mehrfach gezwirnter und gewachster Spezialfaden benötigt, der durch keinen anderen Faden zu ersetzen ist. Er wird in vielen Farben und sogar als Multicolorgarn (die Farbe wechselt abschnittweise) angeboten. Quiltgarn ist mehrfach gezwirnt und gewachst, damit der Faden beim häufigen Durchziehen durch die drei Stofflagen nicht so schnell aufribbelt. Quiltgarn für die Maschine hat diese Ausstattung nicht, deshalb ist es auch nur zum Maschinenquilten geeignet.

Vlies

Das Vlies, die mittlere Schicht des „Quilt-Sandwiches", ist eine Wissenschaft für sich. Es gibt sehr unterschiedliche Qualitäten von verschiedenen Firmen, die sich enorm auf die Quiltstiche auswirken: Traditional, Low Loft, Extra Loft, Cotton Classic, Needled Cotton, Soft Touch, um nur einige zu nennen.

Baumwollvlies fühlt sich an wie Zellulose und ist zum Maschinenquilten geeignet. Es ist flach und hat kaum Struktur. Ich verwende es höchstens für Tischdecken, die mit der Maschine gequiltet werden, weil sie öfters gewaschen werden müssen. Plastische Quiltstiche erhalten sie mit dem „Extra-Loft"-Vlies aus Amerika, für leichte Seidenquilts nehme ich das „Low-Loft"-Vlies. Bei Quilts zum Handquilten empfehle ich das „Traditional"-Vlies. Es ist leicht, wärmt, und die Nadel rutscht beim Quilten gut durch. Manche Synthetikvliese sind so hart, daß der Faden beim Durchziehen des Fadens regelrecht aufgeribbelt wird.
Die Bezeichnung „bonded" besagt, daß das Vlies mit einem Bindemittel behandelt ist, das die Fasern zusammenhält. Durch falsche Behandlung (Hitze) kann sich das Bindemittel verändern.

Das amerikanische Vlies wird in fünf verschiedenen Bettgrößen angeboten:

- Wallhanging = Wandbehang (90 x 135cm)
- Crib-Quilt = Krabbeldecke (115 x 150cm)
- Twin-Size = Einzelbett klein (180 x 220cm)
- Full-Size = Einzelbett groß (200 x 240cm)
- Queen-Size = französisches Bett/deutsches Doppelbett (225 x 275cm)
- King-Size = amerikanisches Doppelbett/Wasserbett (305 x 305cm)

Bei Meterware aus den Stoffgeschäften (es wird in einer Breite von 90 cm und 150 cm angeboten) muß die passende Größe erst durch eine Naht zusammengesetzt werden. Mit dem großen Zickzackstich, Stoß an Stoß auf der Maschine genäht, ist das kein Problem, aber lästig.

Hinweise
Bei zu engen maschinengequilteten Nähten wird der Quilt steif und sieht nicht mehr flauschig aus. Maschinennadeln sehr oft wechseln oder zwischendurch auf einem speziellen Silikonkissen nähen. Die Nadel wird dadurch mit einem Schutzfilm überzogen und rutscht leichter durch das Vlies und den Stoff.

Die wichtigsten Quilt-Werkzeuge. Vor dem Zusammennähen des Tops betrachten Sie Ihr Werk durch ein umgedrehtes Fernglas, um die Wirkung zu überprüfen.

Werkzeug

Cutter
Der Cutter (*katter* ausgesprochen) ist ein äußerst gefährliches Arbeitsgerät, das niemals in die Hand von Kindern gelangen darf. Er ist vergleichbar mit einem rasiermesserscharfen Pizzaschneider und wird in drei Größen gehandelt. Die messerscharfe runde Schneideklinge ist in einer Halterung gesichert eingebaut. Zum Schneiden muß jedesmal, ähnlich wie bei einem Revolver, die Klinge entsichert werden. Nach jedem Schnitt muß die Klinge wieder gesichert werden. Das dient zum einen Ihrer eigenen Sicherheit, zum anderen ist diese dünne Klinge sehr empfindlich. Sie kann schon unbrauchbar werden, wenn Sie aus Versehen über eine versteckte Nadel rollen. Falls Sie viel Syntetikstoff damit schneiden, wird die Klinge sehr schnell stumpf. Sobald Sie keinen glatten Schnitt mehr durchführen können, muß die Klinge ausgewechselt werden.

Mat (Matte)
Die Schneidematte, Mat (*mät* ausgesprochen), ist eine spezielle Unterlage, auf der mit dem Cutter geschnitten wird. Sie verhindert ein zu schnelles Stumpfwerden der Klinge. Ihre Maßeinteilung erleichtert das exakte Schneiden mehrerer Stofflagen.

Ruler
Der Ruler, ein Lineal aus dickem, transparentem Kunststoff, ist zum rationellen Stoffschneiden mit dem Cutter und der Matte nötig. Mit einer Zentimeter- oder Inch-Einteilung und speziellen Winkeln bedruckt, wird es für fast alle Bedürfnisse in verschiedenen Größen angeboten.

Quiltnadeln
Allgemein gilt: Je kürzer die Nadel, desto kürzer der Stich.
Die Quiltnadeln tragen die Bezeichnung „Betweens" oder „Halblang".
Sie sind aus extra gehärtetem Stahl gefertigt, damit sie sich nicht verbiegen. Die scharfe Spitze und ein größeres, rundgeschliffenes Nadelöhr lassen den stärkeren Quiltfaden problemlos einfädeln.
Sie sind in den Längen 8, 9, 10, 11, 12 erhältlich. Je höher die Nummer, desto kürzer und somit auch dünner ist die Nadel. Die Stärken 8, 9, 10 sind für Baumwollstoffe geeignet, die Stärken 10, 11, 12 für Seide. Auch die Dicke des Vlieses bestimmt die Nadelgröße. Bei dickem Vlies wird mit einer geringeren Nadelgröße gearbeitet.

Nähmaschine
Dringend notwendig ist eine Nähmaschine mit Ober- und Unterstofftrans port. Entbehrlich hingegen ist eine Maschine mit vielen Funktionen, denn die sind oft sehr störanfällig.
Ihre Maschine sollte bei ständigem Gebrauch häufiger geölt werden. Lesen sie dazu die Gebrauchsanweisung Ihrer Maschine. Nach ungefähr zehn Nähstunden sollte die Nadel gewechselt werden, die Spitze ist dann abgenutzt. Nicht erst wechseln, wenn die Nadel abgebrochen ist!

Die Farben des Log-Cabin

Als Quilterin will man nicht nur Reste verwerten, sondern eine ganz bestimmte Wirkung mit dem Quilt erreichen. So kann ein technisch hervorragend genähter Log-Cabin-Quilt ein ausdrucksloses Stück sein, während ein schlecht verarbeiteter Quilt manchmal eine ungewöhnliche Anziehungskraft aufgrund seiner Farbgestaltung erreicht. Lernen wir die Wirkung der Farben gezielt einzusetzen, um sie dann gegebenenfalls durch das Zusammenspiel mit anderen Farben ins Gegenteil zu verkehren, denn wer die Regeln kennt, der kann sie auch verdrehen.
Farben haben einen Symbolcharakter, der auf der Verständigung der Menschen untereinander beruht. Farbsymbole dienen der raschen Verständigung untereinander. Zum Beispiel werden die vier Jahreszeiten von ganz bestimmten Farben charakterisiert, die auch in unseren Gefühlen zum Ausdruck kommen. In unserem Lebensraum ist kein Herbst rosa, kein Frühling golden, kein Sommer weiß und kein Winter bunt. Werden Farben gezielt konträr zu ihrer „natürlichen“ Bedeutung eingesetzt, kann das sehr wohl eine positive Wirkung erreichen. Der Umsatz einer Vollmilchschokolade vervielfachte sich, seit die Verpackung auf Lila umgestellt wurde. Lila ist wie Rosa eine vom Geschmacksempfinden her süße Farbe und suggeriert dem Käufer, daß Pause süßer „schmeckt“ als Arbeit.
Jeder empfindet Farben anders. Bin ich fröhlich, mag ich andere Farben, als wenn ich trauere. Jede individuelle Reaktion wird durch biologische, psychologische und situationsbedingte persönliche Faktoren beeinflußt.
Damit Sie ein Gefühl für Farben und deren Wirkungen erhalten, habe ich einige Übungen für Sie zusammengestellt. Am besten erstellen Sie eine Arbeitsmappe mit Ihren Stoffen, auf die Sie bei Ihrem nächsten Quilt zurückgreifen können.

Schwarz, Weiß, Grau

Übung 1
Legen Sie eine Grauleiter an! Kopieren Sie dazu untenstehende Tabelle leicht vergrößert. Mit einer Zickzackschere schneiden Sie gleichmäßige Stoffstückchen ab und kleben sie in die vorgesehenen Felder. Beginnen Sie mit Ihrem dunkelsten schwarzen Stoff, und stufen Sie die Töne über Grau bis hin zu Weiß langsam ab. Vermeiden Sie dabei zu große Farbsprünge.

Die Grundfarben und Mischfarben 1. Ordnung

Die Grundfarben Gelb, Rot und Blau kommen direkt in der Natur vor, sie müssen nicht erst durch Mischen hergestellt werden. Gelb ist die hellste Grundfarbe, gefolgt von Rot und Blau.

Übung 2
Suchen Sie aus Ihrem Stoffvorrat Stoffe in den drei Grundfarben. Schneiden Sie mit einer Zickzackschere gleich große Stoffstreifen aus und kleben Sie diese – wie vorher die Grautöne – auf ein weißes Blatt Papier.

Machen Sie gleiche Übungen mit anderen Farben, zum Beispiel mit all Ihren Blau-, Rot-, Grün- oder Gelbtönen.

Schwarz	Anthrazit	Dunkles Grau	Mausgrau	Mittleres Grau	Hellgrau	Schmutziges Weiß	Naturweiß	Reines Weiß

Die Komplementär-farben

Die Komplementärfarbe einer Grundfarbe ist die Mischung aus den beiden anderen Grundfarben. Gelb/Violett, Orange/Blau und Rot/Grün sind komplementäre Farbenpaare, sie liegen einander im Farbkreis gegenüber. Werden sie in einem Quilt zu gleichen Teilen verarbeitet, heben sie sich gegenseitig in ihrer Wirkung auf. Werden sie jedoch proportional ungleich verarbeitet, so verstärken sie einander in ihrer Wirkung. Wenn Sie zum Beispiel einen blauen Quilt planen, so setzen Sie einige orange-gelbe Akzente. Sie werden sehen, wie belebend das wirkt.

Beispiel:
Ein Seerettungsboot ist grellorange, weil Orange die Komplementärfarbe zum Blau des Meeres darstellt und sich deshalb sehr deutlich abhebt. Die Chance, gefunden zu werden, ist erheblich größer als in einem grünen Boot auf blauem Wasser.

Übung 3
Suchen Sie in Ihrem Stoffvorrat Farben aus, die komplementär sind; schneiden Sie mit der Zickzackschere kleine Muster aus und kleben Sie diese auf ein weißes Blatt Papier.

Warme und kalte Farben

Diese Übung zeigt auf der rechten Seite die warmen und links die kalten Farben. Zu den warmen Farben gehören alle Töne, die Gelb oder Rot, zu den kalten alle, die Blau oder Grün enthalten.

Übung 4
Suchen Sie aus Ihrem Stoffvorrat alle kalten (blau- oder grünstichigen) und alle warmen (rot- oder gelbstichigen) Farben mit besonderer Leuchtkraft heraus. Schneiden Sie mit der Zickzackschere Stoffstreifen aus, ordnen Sie die Streifen wie auf der Abbildung an und kleben Sie sie auf ein Blatt Papier.

Analoge Farben

Analoge Farben liegen im Farbkreis nebeneinander und sollten im Quilt mit ihrer jeweiligen Komplementärfarbe kombiniert und damit aufgefrischt werden.

Übung 5
Suchen Sie sich aus Ihrem Stoffvorrat analoge Farben und die dazu passende Komplementärfarbe aus. Schneiden Sie Stoffstückchen ab und kleben Sie sie auf weißes Papier.

Übung 6
Legen Sie von den Komplementärfarben ein Quantitäts-Beispiel an. Dazu können Sie wieder die untenstehende Tabelle vergrößert kopieren.

$1/4$ Gelb und $3/4$ Violett
$1/3$ Orange und $2/3$ Blau
$1/2$ Rot und $1/2$ Grün

Mehr Mut zur Farbe

Ohne Farben kein Ton! Der Log Cabin lebt von einer kontrastreichen Farbgestaltung.

Wie schon erwähnt, rufen Farben Emotionen, ja sogar körperliche Reaktionen hervor. Rot ist bekanntlich vibrierend und stark; schon kleine Mengen beleben und fallen auf. Die Zusammenstellung vieler Farben in einem Quilt erweckt unterschiedliche Reaktionen. Farben erhalten eine stärkere Leuchtkraft, wenn sie neben Schwarz angeordnet werden, ihre ursprüngliche Bedeutung wird dabei jedoch ins Gegenteil verkehrt. Denken Sie an die Farbe Rot. Wird sie mit Schwarz kombiniert, ist ihre Bedeutung nicht mehr heiße Liebe, sondern teuflischer Haß. Wird Rot neben Weiß arrangiert, wirkt es freundlich und zart.

Vergessen Sie nicht, daß eine Farbgestaltung nur dann akzeptiert wird, wenn sie:

- verständnisgerecht,
- materialgerecht und
- funktionsgerecht ist.

Verständnisgerecht bedeutet, daß Farben in bestimmter Kombination bestimmte Vorstellungen in uns wecken. Viele Farbkombinationen sind produkttypisch. Saure Bonbons sind zum Beispiel zitronengelb gefärbt, süße Bonbons rosa, Nudeln dottergelb und eine saftige Wiese sattgrün. Wären die sauren Bonbons rosa, die Nudeln blau und die Wiese zitronengelb, würden wir nicht verstehen, was wir sehen.

Eine kleine Menge der komplementären Farbe macht analoge Farben interessanter.

Bei einem Quilt ist das nicht anders. Ein traditioneller Log-Cabin-Quilt ist im Zentrum rot (symbolisch: das Feuer im Herd), rundherum werden die Stoffe auf der einen Seite mit verschiedenen hellen und auf der anderen Seite mit unterschiedlichen dunklen Streifen angeordnet (Licht und Schatten). Werden die Streifen anders angeordnet, verstehen wir darunter eine farbliche Variante des typischen Log-Cabin, die zweifellos atemberaubend schön sein kann.

Materialgerecht bedeutet bei Quilts, daß sie überwiegend aus Naturstoffen hergestellt werden. Daß dazu auch natürliche Farben am besten aussehen, versteht sich von selbst. Je unüblicher eine Farbe zum Material steht, desto synthetischer wirkt das Material. Stellen sie sich einen neonfarbenen Log-Cabin-Quilt aus Vollsynthetik vor, dann wissen Sie, was ich meine.

Funktionsgerecht bedeutet, daß man zum Beispiel für eine Krabbeldecke keine Seidenstoffe verwendet. Ein Quilt macht seinem Besitzer nur dann Freude, wenn er auch benutzbar ist. Die Funktion eines Quilts ist nicht von der Farbe abhängig, vom Material jedoch ganz erheblich. Eine Krabbeldecke sollte waschbar sein, ein Wandbehang nicht unbedingt.

Log-Cabin: eine Technik mit vielen Gesichtern

Ein Quilt ist das Zusammenspiel einfachster Formen und Farben. Am Beispiel des Log Cabin ist das besonders schön zu sehen. Dafür ist es notwendig, ein paar Grundregeln der Formen- und Farbenlehre kennenzulernen oder sie sich wieder ins Gedächtnis zurückzurufen. Ich unterscheide drei Log-Cabin-Typen.

Der traditionelle Log-Cabin
Der einzelne Block des traditionellen Log-Cabin-Quilts hat ein warmes, im allgemeinen rotes, quadratisches Zentrum und ist diagonal in eine helle und eine dunkle Seite aufgeteilt. Er wird traditionell aus Stoffen genäht, die im Haus vorhanden sind, sozusagen als Resteverwertung.

Der dekorative Log-Cabin
Er wird meist durch die Farbe charakterisiert, die zur Einrichtung des Hauses passen soll. Bei diesem Log-Cabin-Typ sind die Farben nach dem Verwendungszweck oder dem Geschmack der Quilterin ausgewählt.

Der moderne, abstrakte Log-Cabin
Statt des üblichen Quadrats bildet hier häufig ein Dreieck, eine Raute oder ein Fünfeck das Zentrum. Moderne Log-Cabin-Quilts fallen aber oft auch durch ihre dramatische Farbgestaltung auf.

Durch die Mischung von unterschiedlichen Log-Cabin Blöcken und eine gezielte Farbgestaltung können Bilder entstehen, wie zum Beispiel ein Haus, ein Herz oder eine Landschaft.

Beim Betrachten eines Quilts nehmen wir nicht die einzelnen Formenteile auf, sondern sehen in Gestaltungszusammenhängen, in Bildern.

Der traditionelle Log Cabin besteht aus einer Anzahl einzelner Quadrate, die durch die Farbe optisch diagonal in zwei Dreiecke geteilt werden. Ein zentrales Quadrat wird mehrere Male von gleich breiten Streifen umrundet, so daß eine helle und eine dunkle Hälfte entsteht.
Zu dieser Grundform sind zahllose Variationen möglich, die sich durch Form und Lage des Zentrums, durch die Streifenbreite und die Anordnung der Farben unterscheiden.
Eine populäre Variante ist die Courthouse-Technik, bei der die Streifen

jeweils an zwei gegenüberliegenden Seiten des Mittelquadrates angesetzt werden (wie zum Beispiel beim antiken Log Cabin auf Seite 39 und 50). Das Zentrum kann aber auch nur an zwei Seiten mit Streifen ergänzt werden, so daß es beim fertigen Patch in einer Ecke liegt (siehe Quilt „Ein Erstlingswerk“, Seite 54). Für bildhafte Arbeiten wie den „Häuserquilt“ (Seite 50 ff.) können verschiedene Log-Cabin-Varianten kombiniert werden.

Das **Quadrat** ist eine ruhige, neutrale Form, wenn es auf einer Seite ruht. Auf die Spitze gestellt, verliert es seinen schweren, lastenden Ausdruck (zum Beispiel bei der Pineapple-Variation). Das Quadrat ist die Basis des Quilts. Wir finden es nebeneinander angeordnet bei fast allen traditionellen, aber auch bei modernen Quilts.

Durch die Abwandlung des Zentrums, zum Beispiel in eine **Raute** oder ein **Dreieck** anstelle des Innenquadrats, entstehen Log-Cabin-Variationen. Die Raute erhält durch die charakteristischen Schrägen einen bewegten Ausdruck, sie zeigt Spannung und Dynamik. Die Form kann durch gezielte Farbgebung (kontrastreiche Farben) noch hervorgehoben werden, wie die Abbildung des Quilts „Snowflake“ deutlich macht.

Man muß schon genau hinsehen, um in diesem eleganten Kranz noch die einzelnen Log-Cabin-Quadrate zu erkennen (Anleitung siehe Seite 62).

„Pineapple“, zu deutsch: Ananas, heißt diese Log-Cabin-Variante. Die Anleitung für ein kleineres Pineapple-Projekt finden Sie auf Seite 66.

Der **Kreis** ist die klarste Grundform ohne Anfang und Ende. Er wirkt ruhig. In einem Quilt läßt er sich nicht wie das Quadrat, das Rechteck oder das Dreieck aneinanderfügen. Durch unterschiedliche Streifenbreite und entsprechende Farbwahl wird jedoch aus dem kantigen Log-Cabin-Quadrat eine runde Sache.

An diesen Beispielen ist gut zu erkennen, daß eine gute Form erst durch die Farbe Aussagekraft bekommt.

Vom Einzelquadrat zum Muster

Formenanordnung für den Log Cabin

Aus dem einfachen Log-Cabin-Quadrat, das diagonal in eine helle und eine dunkle Hälfte geteilt ist, lassen sich verblüffend viele unterschiedliche Muster zusammenstellen. Einige davon sehen Sie hier. Experimentieren Sie selbst weiter.

Grundform

Variationen

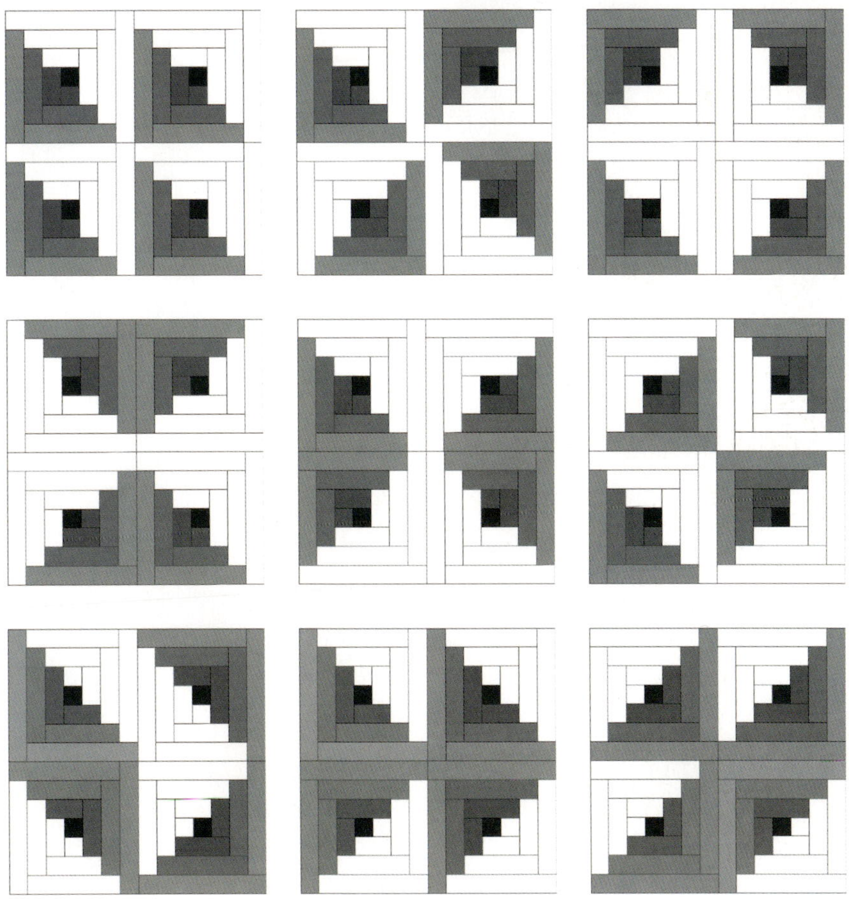

Aus sechs rautenförmigen Elementen, deren Spitzen auf einer Seite aus silbrig glänzendem Material gearbeitet sind, entsteht der Wandbehang „Snowflake“ (größere Abbildung und Anleitung siehe Seite 64).

Nähtechnik

Vorbereitung des Arbeitsplatzes

Bevor es ans Nähen geht, sollten Sie alle notwendigen Utensilien bereitlegen:

- vorgewaschene, gebügelte Stoffe
- Rollschneider mit Unterlage oder Schere
- Nähmaschine, frisch gereinigt und geölt; Stichlänge 2
- viel Nähfaden und gefüllte Unterspulen
- Bügelbrett und Bügeleisen
- Heftfaden und Heftnadeln
- Quiltfaden und/oder Sticktwist zum Knoten
- Quiltnadeln und – falls vorhanden – Quiltrahmen

Zuschneiden

Mit dem Rollschneider (Cutter) oder der Schere wird der Stoff in Streifen geschnitten. Die für das Modell notwendige Streifenbreite ist jeweils angegeben. Schneiden Sie nach Möglichkeit immer im Fadenlauf von Webkante zu Webkante.

Legen Sie sich die geschnittenen Streifen links neben Ihre Nähmaschine in der Reihenfolge hin, in der sie genäht werden müssen.

Nähen

Nun kann's losgehen! Legen Sie den Streifen für das Innenquadrat mit der rechten Seite (der bedruckten) nach oben unter das Nähfüßchen, und darauf den Streifen der ersten hellen Farbe mit der rechten Seite nach unten (rechts auf rechts). Steppen Sie die beiden Streifen an der rechten Seite mit Stichlänge 2 in Nähfüßchenbreite ab.

Bügeln Sie beide Streifen in zusammengeklapptem Zustand, um die Naht zu glätten. Schneiden Sie mit dem Cutter oder der Schere die erforderliche Anzahl an Quadraten vom Streifen ab.

Legen Sie jedes einzelne, kleine, genähte Teil immer so auf das Bügelbrett, daß das Innenquadrat unten liegt. Bügeln Sie den angenähten Streifen über die Naht nach hinten, so daß sich die Teile auseinanderfalten. Dabei wird erreicht, daß später die Nähte vom Zentrum aus glatt nach außen fallen.

Hinweise

- Nähte nie auseinanderbügeln!
- Drücken Sie das Bügeleisen nur leicht an, „zerren“ Sie nicht an den Nähten, sonst verzieht sich alles.
- Nähte werden grundsätzlich nicht versäubert.

Stapeln Sie alle Stoffteile, legen Sie den Stapel – mit der rechten Seite nach unten – links neben Ihre Nähmaschine. Dabei muß der zuletzt an das Innenquadrat angenähte Streifen immer zur Tischkante zeigen. Das Innenquadrat zeigt nach oben, die Naht fällt in Ihre Richtung.

Legen Sie jetzt einen weiteren Streifen der ersten hellen Farbe mit der rechten Seite nach oben unter das Nähfüßchen. Heben Sie ein Stoffteil nach dem anderen von Ihrem Stapel auf den Streifen (wieder rechts auf rechts) und steppen Sie alle füßchenbreit nacheinander ab. Lassen Sie keinen Zwischenraum, und nähen Sie nicht übereinander. Auf diese Weise entsteht eine lange Fahne. Dabei sparen Sie Stoff, Faden, Zeit und Nerven.

Legen Sie diese Fahne auf das Bügelbrett, so daß der zuletzt angenähte Streifen obenauf liegt. Bügeln Sie den Streifen über die Naht nach hinten auf. Jedes Ihrer hübschen Teile schaut Sie dabei an, und eventuelle Fehler fallen sofort auf. Lassen Sie beim Bügeln die Teile gerade liegen, und schneiden Sie sie erst nach dem Bügeln sauber auseinander.

Legen Sie Ihre Teile wieder als Stapel links neben Ihre Maschine, rechte Seite nach unten, der zuletzt angenähte Streifen zeigt zur Tischkante. Nun werden die Stoffteile auf den ersten

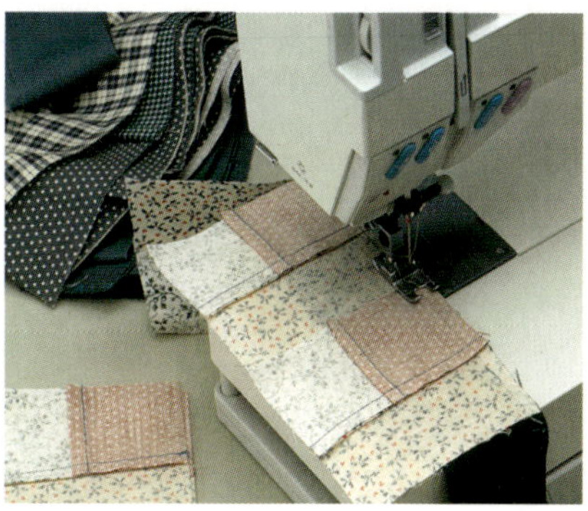

dunklen Streifen genäht, rechts auf rechts, in Nähfüßchenbreite ohne Abstand, aber auch nicht überlappend, so daß wieder eine Fahne entsteht.

Bügeln Sie erneut den zuletzt angenähten Streifen über die Naht hin auf und schneiden Sie die Teile auseinander. Ab jetzt haben Sie an einer Stelle Ihres genähten Patches immer zwei Nähte.

Genau an dieser markanten Seite wird von nun an immer der nächste Streifen angenäht. Das ist ein guter Anhaltspunkt, falls Sie Ihre Arbeit aus irgendeinem Grund – Kochen, Putzen, Einkaufen oder Urlaub – unterbrechen müssen.

Legen Sie Ihre Stoffteile wieder links neben die Maschine, rechte Seite nach unten, den zuletzt angenähten Streifen zur Tischkante. Die markante Seite mit

den zwei Nähten zeigt ab jetzt immer zur Maschine. Steppen Sie alle Teile auf einen weiteren Streifen der ersten dunklen Farbe (rechts auf rechts).

Dann bügeln Sie die Fahne und schneiden die Teile exakt auseinander.

Die erste Umrundung haben Sie geschafft! Je nach Modell folgen weitere zwei bis drei oder auch mehr Runden. Im Prinzip wiederholen sich dabei alle Schritte: Sie nähen pro Umrundung zweimal einen hellen und zweimal einen dunklen Stoffstreifen an Ihre Patches. Dabei entsteht die charakteristische diagonale Hell-Dunkel-Anordnung des Log-Cabins.

Die wichtigsten Punkte noch einmal zusammengefaßt:

- Die zu nähenden Streifen werden immer mit der rechten Seite nach oben unter das Nähfüßchen gelegt.
- Die Stoffteile (Patches) werden immer mit der rechten Seite nach unten auf den Stoffstreifen gelegt (rechts auf rechts).

Werdegang eines Patches

- Beim Stapeln der Patches zeigt der zuletzt angenähte Streifen immer zur Tischkante. Als zusätzliche Gedankenstütze gilt: Ab der zweiten Umrundung wird der Stoffstreifen immer an die markante Seite mit den zwei Nähten gesteppt.
- Exakt in Nähfüßchenbreite nähen, Stichlänge 2!
- Immer dasselbe Nähfüßchen verwenden!
- Falls Sie die Nähmaschine wechseln müssen, sollten Sie das nur nach einer ganzen Umrundung tun.
- Nähte werden nicht versäubert und nicht auseinandergebügelt.

Zusammensetzen des Tops

Wenn Sie die erforderliche Anzahl der Patches genäht haben, kontrollieren Sie, ob die fertige Größe stimmt. Selbst wenn Sie die Streifen exakt geschnitten und immer mit der gleichen Nähfüßchenbreite genäht haben und wenn sich beim Bügeln nichts verzogen hat, können die Patches in der Größe differieren. Legen Sie Ihre Patches auf dem Fußboden oder – falls im Haushalt vorhanden – auf einer Tischtennisplatte oder einer ähnlich großen Fläche aus. Je nach Anordnung der Patches entstehen dabei ganz charakteristische Muster. Betrachten Sie Ihr Werk durch ein umgedrehtes Fernglas; dadurch rückt Ihr Muster in die Ferne. So erkennen Sie auch ohne Erfahrung Fehler im Muster und die Wirkung der Farben. Ändern Sie Ihr Muster durch Drehen und Wenden der Patches so lange, bis es Ihnen gefällt. Die Namen der Quiltmuster sind für niemanden zwingend. Geben Sie Ihrem Quilt einen Namen, der vielleicht mit der Entstehung oder einem bestimmten Ereignis zusammenhängt.

Zusammenfassung
Patches auslegen, mit einem umgedrehten Fernglas betrachten, Muster korrigieren und, wenn nötig, noch Blocks nachnähen.

Zusammennähen des Tops

Eine goldene Regel sagt: „Immer zuerst die kurzen, dann die langen Strecken nähen."

Erste Reihe
1. Pärchen
linkes Patch rechtes Patch

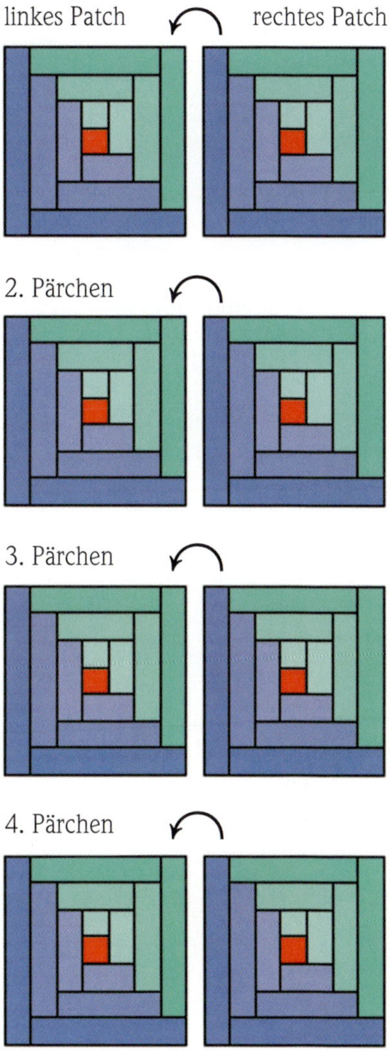

In meiner langjährigen Erfahrung als Kursleiterin habe ich die – von mir so genannte – „Pärchen-Methode" als schnellste und vor allem sicherste Methode für den Log-Cabin erarbeitet. Die Blocks werden dabei paarweise zusammengenäht, und zwar ohne Zwischenraum als Fahne, so wie Sie es schon vom Nähen der Patches her kennen. Das spart Zeit und vermeidet Fehler. Die Pärchen werden in immer größere Einheiten zusammengefaßt, bis schließlich das ganze Top fertig zusammengenäht ist.

Zweite Reihe
linkes Patch rechtes Patch

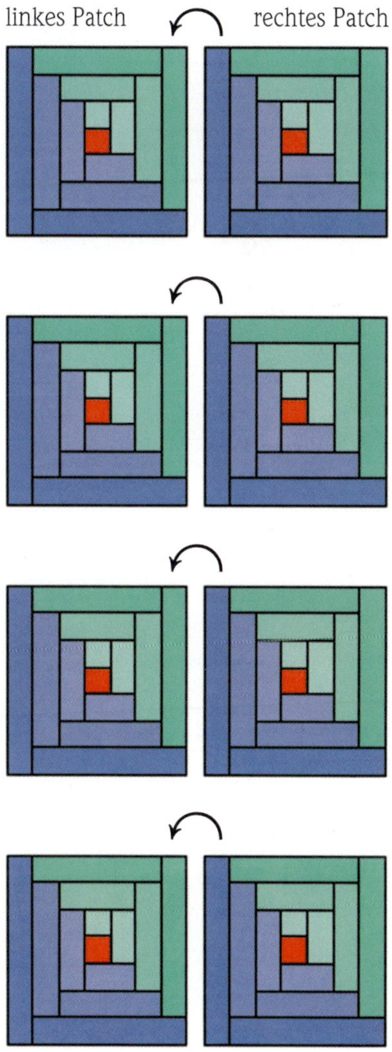

Legen Sie das gewünschte Muster aus, und teilen Sie die Arbeit in Zweierreihen ein. Sie erhalten zum Beispiel bei einem Top mit 16 Blöcken zwei Zweierreihen von je vier Pärchen.
Innerhalb einer solchen Zweierreihe wird immer das rechte Patch auf das linke – rechts auf rechts – geklappt. Legen Sie dann alle Pärchen (in unserem Beispiel alle acht Pärchen) von **oben nach unten** zu einem einzigen Stapel und nähen Sie die Paare an der rechten Seite wieder zu einer Fahne zusammen.
Bitte achten Sie unbedingt darauf, die Paare nicht mehr zu drehen oder zu wenden!
Klappen Sie die Pärchen dieser Fahne auseinander. Teilen Sie nun die Fahne

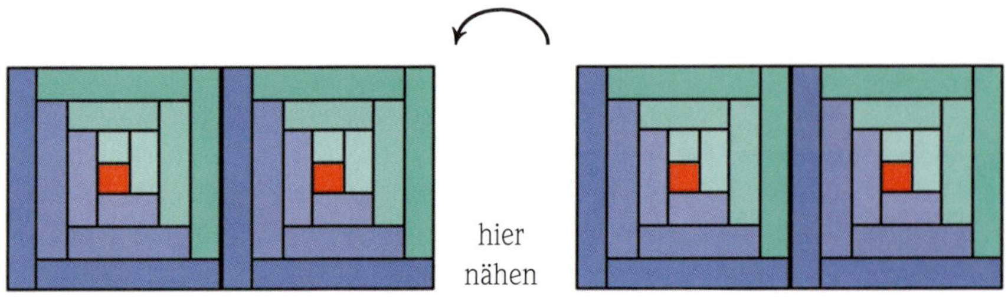

in die Anzahl der Reihen, in unserem Beispiel also zwei Reihen, legen Sie sie nebeneinander und kontrollieren Sie Ihr Muster. Erst wenn die Anordnung stimmt, schneiden Sie die Verbindungsfäden durch.

Nun wiederholen Sie das Ganze mit den größeren Einheiten. Klappen Sie das rechte Paar auf das linke. Stapeln Sie wieder alles (in unserem Beispiel vier Pärchen-Paare) **von oben nach unten** und nähen Sie diese neuen Paare an der rechten Seite zu einer Fahne zusammen.

Wie es jetzt weitergeht, versteht sich von selbst: Die Einheiten werden immer größer, bis schließlich ganze Reihen entstanden sind (in unserem Beispiel sind es vier Reihen). Nähen Sie diese Reihen aneinander, und achten Sie darauf, daß die Nähte auf der Rückseite flach liegen, die sogenannte Kreuznaht.

Zusammenfassung

- Teile immer von rechts nach links, Gesicht auf Gesicht legen.
- Beim Stapeln fassen Sie die Stelle, an der genäht wird, immer mit der rechten Hand. Geben Sie sie **niemals** aus der Hand, und legen Sie sie mit der zu nähenden Seite neben die Maschine.
- Wenn nötig, den Stapel an der zu nähenden Seite mit Stecknadeln markieren.
- Pärchen immer an der rechten Seite zusammennähen.
- Pärchen immer **von oben nach unten** stapeln.
- Anfang und Ende sowie zusammentreffende Nähte exakt verarbeiten.
- Wenn Sie diese Arbeitsschritte genau nachvollziehen, werden Sie völlig streßfrei und ohne Fehler arbeiten.

Randeinfassung

Der klassische Log Cabin hat keinen Rand, sondern nur eine Abschlußkante (siehe Seite 26). Breite Ränder überlagern oft das Motiv. Falls Sie Ihr fertiges Top jedoch durch Ränder vergrößern wollen, müssen sie diese jetzt annähen. Die Randbreite ist beliebig. Das Längenmaß der Ränder wird immer aus der Mitte des Tops heraus bestimmt. Legen Sie den Randstreifen auf das ausgebreitete Top, und nehmen Sie „Körpermaß", schneiden Sie die Streifen also genau entsprechend der Top-Länge und -Breite zu (siehe Grafik). Niemals sollten Sie die Länge der Randstreifen an den Außenseiten Ihres Tops abmessen, sonst entstehen „Dauerwellen" beim fertigen Quilt. Vertrauen Sie Ihrem Augenmaß, und lassen Sie das Maßband beiseite. Achtung: Nähen Sie zuerst die Randstreifen an die kurzen Seiten an, und nehmen Sie erst dann das Körpermaß für die langen Seiten. Sie können selbstverständlich mehrere Ränder anbringen und dabei die Streifenreste Ihrer Blocks phantasievoll verarbeiten. Sehr hübsch sehen Biesen oder ganz schmale Einsätze zwischen den Rändern aus.

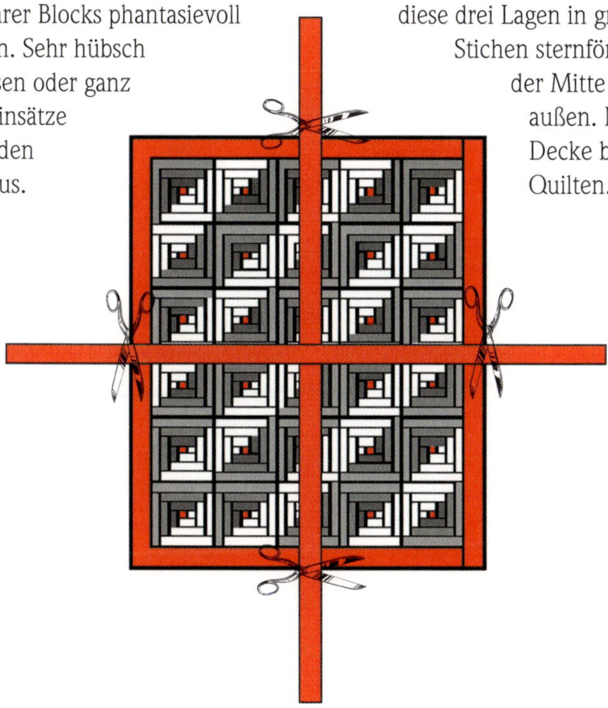

Montieren der drei Lagen

Das Zusammensetzen der drei Lagen wird spaßeshalber auch als „textiles Sandwich" bezeichnet.
Hier zwei Möglichkeiten des Montierens:

Erste Möglichkeit: klassische Methode
Legen Sie den Stoff, der für die Rückseite Ihres Quilts vorgesehen ist, mit der rechten Seite auf dem Fußboden oder einer anderen großen freien Fläche glatt aus. Befestigen Sie das Teil bei glattem Boden mit Tesakrepp, bei Teppichboden mit großen Stecknadeln. Breiten Sie darauf das Vlies aus. Streichen oder klopfen Sie es glatt, achten Sie darauf, daß es nicht gedehnt wird. Kleben Sie das Vlies ebenfalls am Rand fest. Die Stoffrückseite und das Vlies sollten eine Handbreit größer sein als Ihr Quilttop. Legen Sie das Top nun mit der linken Seite auf das Vlies, und kleben Sie es ebenfalls fest. Heften Sie diese drei Lagen in großen Stichen sternförmig von der Mitte nach außen. Nun ist Ihre Decke bereit zum Quilten.

Erst nachdem von der Mitte beginnend nach außen gequiltet wurde, schneiden Sie die überstehenden Ränder ab und setzen die Abschlußkante dran. Diese kann aus Schrägband oder geraden Stoffstreifen sein.

Zweite Möglichkeit: Verstürzen
Ich bevorzuge folgende Lösung: Das Vlies wird mit dem Top sehr großzügig aneinandergeheftet. Dieses Heften ist nicht von Dauer, es sorgt nur dafür, daß während des Verstürzens die Lagen nicht verrutschen. Den Rückseitenstoff mit der rechten Seite nach oben auf einer großen Fläche glatt auslegen und mit Tesakrepp festkleben. Plazieren Sie Ihr geheftetes Vlies-Top rechts auf rechts darauf, so daß die Reihenfolge nun folgendermaßen aussieht: unten der Rückseitenstoff, rechts auf rechts darauf das Top und ganz oben das Vlies. Heften Sie großzügig am Rand entlang, schneiden Sie alle überstehenden Ränder sauber ab, und nähen Sie mit Stichlänge 3 die Decke, bis auf eine Öffnung (so groß wie ein Patch) zum Wenden, zu. Achten Sie beim Zusammennähen darauf, daß das Vlies unten in der Maschine geführt wird, und der Rückseitenstoff jetzt direkt unter dem Nähfüßchen liegt: So verhindern Sie, daß das Vlies vom Füßchen in Falten geschoben wird. Schneiden Sie die Ecken kurz und wenden Sie Ihren Quilt. Schließen Sie die Öffnung mit der Hand. Entfernen Sie die alten Heftfäden und heften Sie den ganzen Quilt noch einmal. Denken Sie daran: Gut geheftet ist schon halb gequiltet! Nun beginnen Sie zu quilten. Haben Sie einen großen Rahmen, kann das Heften auf ein Minimum reduziert werden. Haben Sie nur einen kleinen oder gar keinen Quiltrahmen, sollten Sie sehr gewissenhaft heften.

Quilten

Beim Quilten werden mit einem speziellen Quiltgarn regelmäßige, kurze Vorstiche durch alle drei Stofflagen genäht. Das hat nicht nur einen dekorativen Zweck; die kurzen Vorstiche halten auch den Quilt zusammen. Man hält in der rechten Hand zwischen Daumen und Zeigefinger die Nadel und sticht senkrecht (90°)durch die Stofflagen. Die linke Hand befindet sich auf der Unterseite des Quilts und empfängt dort mit dem linken Zeigefinger die Nadel. Ist die Nadelspitze zu spüren, wird durch das Herabdrücken der Nadel mit dem rechten Mittelfinger die Nadelspitze wieder an die Stoffoberseite gedrückt und die Nadel durchgezogen. Wo es sich beim Quilten machen läßt, sollte man mehrere Stiche auf die Nadel aufreihen. An Kurven sind nur einzelne Stiche machbar. Einen geeigneten Fingerschutz wird man, wenn die Finger zerstochen sind, ganz von selbst tragen. Zur Auswahl stehen die gewöhnlichen Fingerhüte oder Lederfingerlinge. Wieviel Sie quilten, bleibt ganz Ihrem Fleiß überlassen. Alternativ können Sie auch knoten statt zu quilten. Am leichtesten geht das Quilten auf einem großen Rahmen (siehe Beschreibungen auf Seite 25).

Der Log-Cabin Quilt ist der einzige Quilt, der traditionell in der Naht gequiltet wird („stich in the ditch"). Ich bin eine Verfechterin des Handquiltens und gehe deshalb nicht auf das Absteppen mit der Nähmaschine ein.
Die Farbe des Quiltgarns orientiert sich an der Farbe des Quiltoberteils. Wenn Sie mit einer Kontrastfarbe arbeiten wollen, sollten Sie jedoch in der Lage sein, gleichmäßige Stiche zu machen. Antike amerikanische Quilts kann man an schwarzem oder hellem Quiltfaden erkennen, denn vor 100 Jahren gab es noch kein buntes Garn. Zur Stabilisierung des Fadens ist es empfehlenswert, ihn vor dem Verarbeiten über Bienenwachs zu ziehen. Der Faden ribbelt dann nicht so schnell auf.
Beachten Sie bitte, daß Sie auch spezielle Quiltnadeln benötigen. Sie werden als halblange Nadeln oder „Beetweens" im Handel angeboten.
Allgemein gilt: Je feiner der Stoff, desto kürzer die Nadel und je kürzer die Nadel, desto kürzer die Stiche.
Beim Quilten von Hand machen Sie am Ende des Fadens einen Knoten, der nach innen in das Vlies gezogen wird. Ist der Faden zu Ende gequiltet, wird ebenfalls ein Knoten gemacht, in das Vlies gezogen und der restliche Faden oberhalb der Decke abgeschnitten.

Verknoten Sie das Ende des Fadens und ziehen Sie den Knoten vorsichtig ins Vlies. Dort bleibt er hängen.

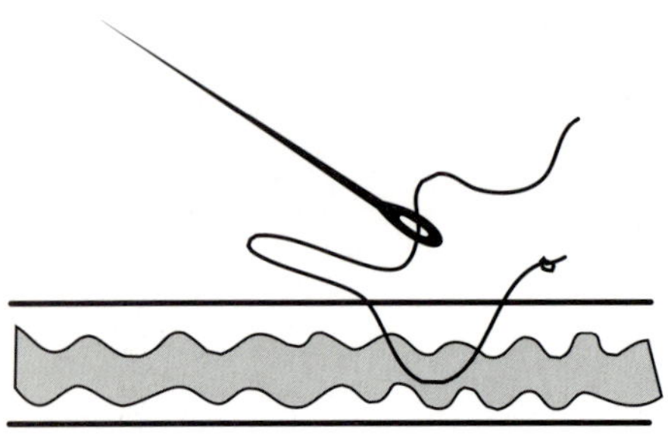

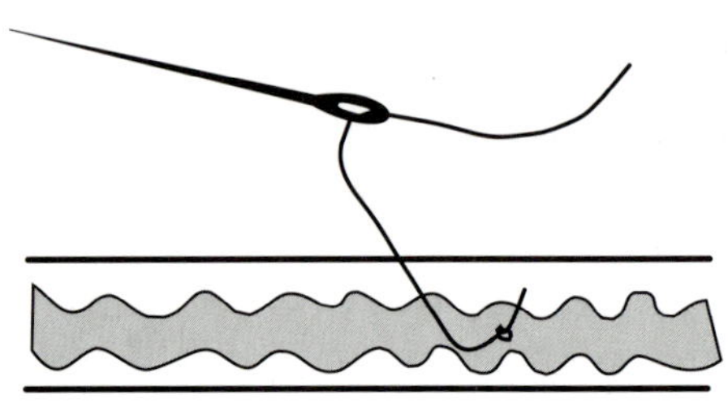

Quilting Bees

Am grauen Novemberhimmel ziehen Sturmwolken vorbei, zerfetzt vom böigen Wind. Draußen ist es regnerisch und ungemütlich. Eine Gruppe von Frauen unterschiedlichen Alters nähert sich raschen Schrittes dem kleinen Haus. Sie werden freudig begrüßt und hereingebeten. Drinnen knistert das Wärme verströmende Kaminfeuer, es duftet nach frisch gebackenem Apfelkuchen und gerade aufgebrühtem Kaffee, und es herrscht eine behagliche Atmosphäre. Mit einem Becher Kaffee in der einen, Nadel und Faden in der anderen Hand finden sich die Quilterinnen um den großen viktorianischen Quiltrahmen zusammen, der aussieht wie aus Großmutters Zeit. Das Material, amerikanische Eiche, hält über Generationen, die gedrechselten Ständer verzieren das Schmuckstück kunstvoll. In einem anderen Raum des Hauses steht noch ein zweiter Rahmen, der durch seine seine klassische Schlichtheit besticht.
Regelmäßig treffen sich die Freundinnen, um beim gemeinsamen Quilten gegenseitig ihre Decken fertigzustellen. Alleine würde es viel länger dauern und weniger Spaß machen. Neben neuen Mustern und schnelleren Techniken werden natürlich auch die neuesten Ereignisse ausgetauscht. Es wird gelacht und geweint. Ihr gemeinsames Hobby, das Quilten, hat die Frauen zusammengeführt, Frauen, wie sie verschiedener nicht sein könnten. Doch immer wieder aufs neue versammeln sie sich zur Quilting Bee um den großen, schönen Quiltrahmen.

It's not a quilt until it's quilted

Zusammenkommen. Sich an einen Quiltrahmen setzen. Die schönste Zeit des Tages in vertrautem Freundeskreis genießen. Rund um den zentralen Punkt, den Quilt, sitzen. In Ruhe und Behaglichkeit quilten. Stich für Stich.

Am ovalen oder runden Quiltrahmen mit Ständer kann nur eine Person arbeiten, während am großen Rahmen bis zu sechs Frauen gleichzeitig quilten können (siehe unten). Eine Größe von 70 x 40 cm im Querschnitt ist sinnvoll. Die Höhe beträgt meistens etwa 75 cm und eignet sich hervorragend für alle Quiltarbeiten. Der Rahmen läßt sich stufenlos neigen, er beansprucht wenig Platz und ist nicht so teuer wie die großen Rahmen.

Knoten

Der traditionelle Log Cabin wird oft nicht gequiltet, sondern nur geknotet – besonders dann, wenn der Stoff sehr schwer und fest ist. Das Knoten macht Spaß, geht schnell, ist einfach und sieht lustig aus. Natürlich eignet es sich nicht für jeden Quilt. Je nach Verwendungszweck sollten Sie darüber entscheiden, wie Sie arbeiten.
Zum Knoten benötigen Sie Baumwoll-Sticktwist und eine spitze Sticknadel. Mit der Nadel nehmen Sie ca. ½ cm aller drei Stofflagen auf, ziehen den Faden durch und wiederholen das Ganze noch einmal an derselben Stelle. Nun gehen Sie mit der Nadel zweimal durch die Schlaufe und ziehen an, so wie man eben einen richtigen Knoten macht. Schneiden Sie den Faden 1 bis 2 cm über dem Knoten ab und lassen Sie die Fransen stehen. Beginnen Sie mit den Knoten in jedem Mittelquadrat und knoten Sie ganz nach Ihrem Geschmack über das gesamte Oberteil weiter. Traditionell wurde gerne mit kräftigem Rot oder Gelb geknotet. Ich verwende das Knoten meist nur bei Kinderquilts.

Abschlußkante

Im Gegensatz zum Rand wird die Abschlußkante erst an den fertig gequilteten Quilt angebracht. Sie kann aus Schrägband (siehe rechts: Schrägband vom laufenden Meter) oder geraden Stoffstreifen bestehen. Erst mit der Abschlußkante werden die bis dahin noch offenen Ränder geschlossen.

Schrägband vom laufenden Meter

Ich möchte Ihnen an dieser Stelle eine Methode vorstellen, mit deren Hilfe Sie ohne großen Aufwand Ihr Schrägband selbst herstellen können. Das hat einmal den Vorteil, daß Sie sich Farbe und Stoffqualität selbst aussuchen können, zum anderen erhalten Sie für Ihren Quilt beliebig viele Meter Schrägband. Zum Beispiel ergibt ein Stoffquadrat von einem Quadratmeter Größe einen fast 10 m (!) langen und 10 cm breiten Schrägbandstreifen.

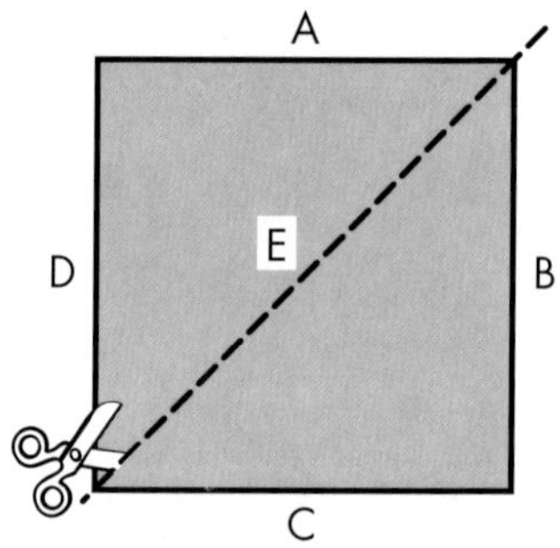

Ein quadratisches Stück Stoff wird diagonal in zwei Dreiecke geschnitten.

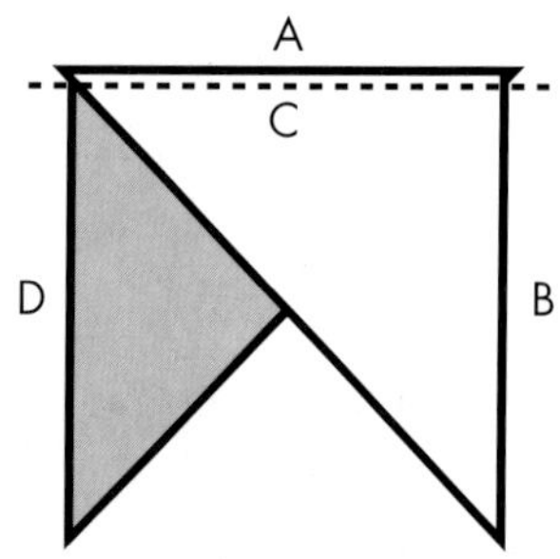

Legen Sie die Dreiecke rechts auf rechts aufeinander, so daß Seite C auf Seite A liegt (Mausezahn). Nähen Sie die Teile zusammen, klappen Sie sie auf und bügeln Sie die Naht auseinander.

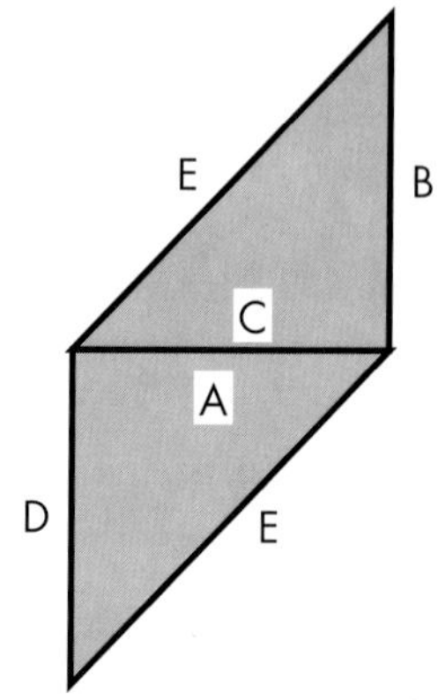

Sie haben jetzt ein schräggestelltes Rechteck (ein sogenanntes Parallelogramm).

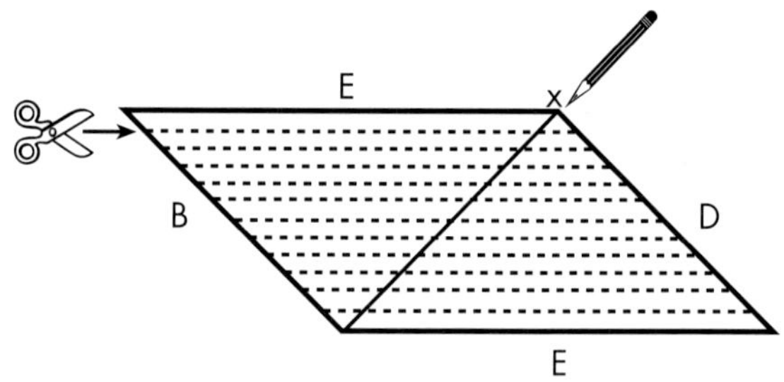

Zeichnen Sie auf der rechten Stoffseite *parallel zur Kante E* mit einem Lineal und Schneiderkreide die Breite des Schrägbandes ein. Markieren Sie – wie auf der Zeichnung angegeben – eine Seite am Rand mit einem X und die gegenüberliegende Seite durch einen kleinen Einschnitt in der ersten Linie.

Nähen Sie nun die beiden Stoffseiten mit geradem Fadenlauf (B und D) zusammen, dabei entsteht ein um eine Schrägbandbreite verschobener Stofftunnel. Achten Sie darauf, daß die Markierungen (das X und der Schnitt) aufeinanderliegen, die Seiten des Stoffstücks also wirklich um einen Streifen versetzt sind. Bügeln Sie die Naht auseinander.

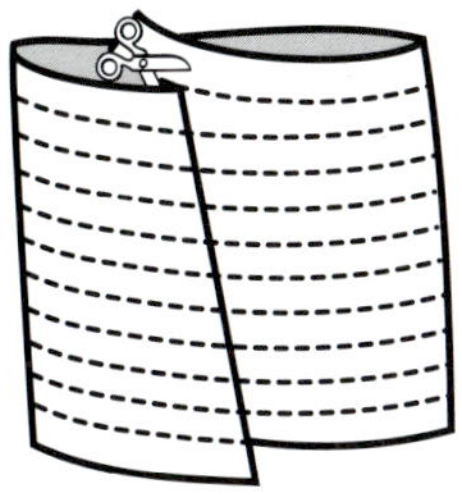

Schneiden Sie den Stofftunnel entlang der Kreidemarkierung auf. Beginnen Sie an dem Schnitt, der Ihnen als Markierung gedient hat. Auf diese Weise erhalten Sie einen langen Stoffstreifen mit schrägem Fadenlauf, den Sie nur noch zu einem Schrägband umbügeln müssen.

Hinweis
Für 10 m 10 cm breites Schrägband benötigen Sie ein Stück Stoff mit den Maßen 1 x 1 m (= 1 Quadratmeter). Damit können Sie leicht einen Quilt in der Größe von 220 x 180 cm einfassen.

So schneiden Sie ein „endloses" Schrägband aus dem gleichen Stoff, aus dem Ihr Quilt gearbeitet ist.

Zum Schluß

Zuletzt wird der Quilt signiert. Auf ein helles Stoffstück schreiben oder sticken Sie, wann, von wem und für wen der Quilt angefertigt wurde, und bringen dieses Schildchen an der rechten hinteren Ecke auf der Rückseite des Quilts an. Falls der Quilt aufgehängt werden soll, nähen Sie auf der Rückseite ganz oben einen Stofftunnel zum Durchschieben einer Holzleiste an.

Damit ist Ihr Quilt fertig! Ich hoffe, das Arbeiten hat Ihnen Spaß gemacht. Ist die schnelle Technik des Log-Cabins erst einmal erlernt, dann geht´s erst richtig los. Ich bin sicher, sie werden bald Ihre eigenen Muster und Ideen verwirklichen.

Denken Sie daran:
Quilts sind so verschieden wie die Menschen, die sie machen.
Just go ahead and do it!

Der traditionelle Log-Cabin-Quilt

Das einzelne Log-Cabin-Patch

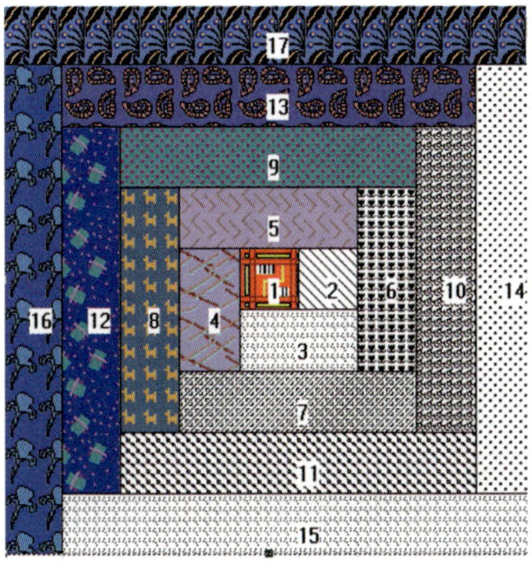

Achtung, Balkenbildung!

Sie vermeiden, daß beim Zusammennähen zwei gleiche Stoffe nebeneinander liegen und die Streifen doppelt breit aussehen, wenn Sie die Stoffe gegenläufig, also von außen nach innen und von innen nach außen wechseln.

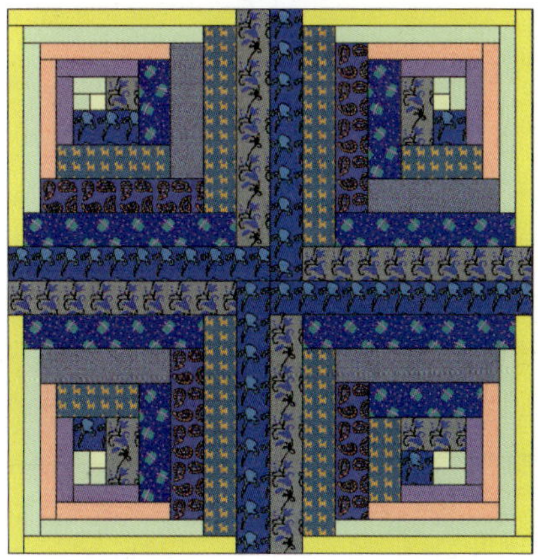

Dann stoßen beim Zusammennähen gleiche Stoffe nicht aufeinander.

Am besten ist es jedoch, wenn Sie genügend verschiedene Stoffe haben und für jeden Streifen einen anderen Stoff verwenden können.

Material

Für ein Patch in der Größe von etwa 30 x 30 cm benötigen Sie von jeder Farbe einen 5 cm breiten Streifen Stoff. Es können für jeden Streifen andere Stoffe verwendet werden. Die Länge der Streifen im inneren Bereich beginnt mit 5 cm und nimmt bei jeder weiteren Farbe um 5 cm zu: Von der Farbe Nr. 2 (siehe Abb.) benötigen Sie demnach 5 cm, von der Nr. 8 hingegen schon 20 cm. Das einzelne Log-Cabin-Patch ist hier in seiner klassischen diagonalen Anordnung der Stoffe dargestellt. Der Reiz des Log Cabin liegt im Kontrast der Farben. Ob gemustert oder ungemustert spielt dabei keine große Rolle. Auf Stoffe mit zu großem Druck sollten sie jedoch verzichten, denn solche Dessins lenken vom Patchwork-Muster ab.

Magnolien (Pink Spring)

Größe: 155 x 125 cm

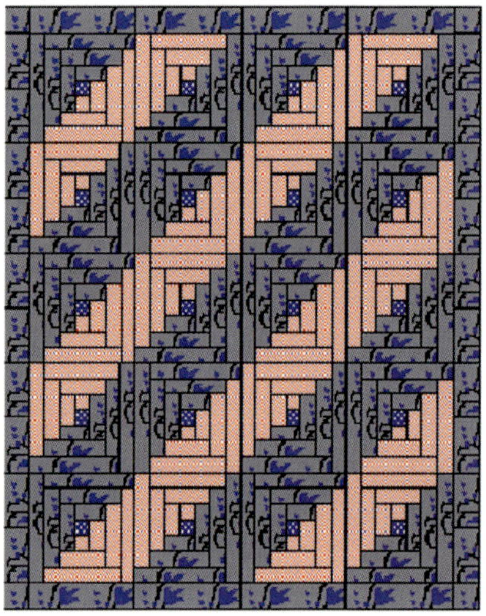

Material

- 200 cm gemustertes Leinen
- 10 cm leuchtendblauer Satin
- 150 cm altrosa Satin
- 100 cm Leinen oder Satin für den Rand
- 1 traditionelles amerikanisches Vlies, Größe „Twin-Size“ (siehe Seite 10)
- 2,75 m Stoff für die Rückseite
- Quiltgarn, naturfarben

Schneiden

Die Streifenbreite beträgt 5 cm.
Das Innenquadrat wird 3 x umrundet.
20 Patches werden in der klassischen Log-Cabin Technik genäht.

Nähen und Quilten

Die fertigen Patches werden nach dem Muster „Fields and Furrows“ (Felder und Furchen) gelegt und genäht. Dabei entstehen diagonale Streifen, die an frisch gepflügte Ackerfurchen erinnern. Der Kontrast von stumpfem Leinen und glänzendem Satin macht den besonderen Charme dieses Quilts aus. Top und Vlies werden mit riesigen Stichen geheftet und mit der Rückwand verstürzt zusammengenäht. Der Quilt kann in zwei Stunden geknotet oder in mehreren Stunden gequiltet werden. Gequiltet wird mit der Hand in jeder Naht.
Vergessen Sie nicht, den Quilt vor dem Verschenken zu signieren.

Das harmonische Nebeneinander von Grün- und Rosatönen während der Magnolienblüte hat mich zu diesem Quilt inspiriert.

Archiv-Quilt

Größe: 210 x 230 cm
64 Patches, maschinengequiltet

Dieser Log-Cabin ist ein Memory-Quilt und erhebt nicht den Anspruch irgend jemanden zu gefallen. In meinen Kursen bitte ich die Teilnehmerinnen, jeweils einen Block zusätzlich für mein Archiv anzufertigen. Aus solchen Quadraten ist dieser Quilt mit Erinnerungswert entstanden. Den Kursteilnehmerinnen sei an dieser Stelle gedankt!

Material

Geschätzte Stoffmenge
für 64 Patches:

- 450 cm helle Stoffe
- 550 cm dunkle Stoffe
- 75 cm Stoff für die Innenquadrate
- 1 traditionelles amerikanisches Vlies, Größe „King-Size" (siehe Seite 10)
- 250 x 225 cm Stoff für die Rückseite
- 8 – 10 m extra breites Schrägband (selbstgemacht, siehe Seite 26)

Verarbeitung

Die in Größe und Farbe sehr unterschiedlichen Patches zusammenzusetzen erfordert etwas Ausdauer und Mut. Farblich ähnliche Patches wurden zu Viererblocks genäht und, wo es nötig war, auf einheitliche Größe gebracht. Ein kunterbuntes Sammelsurium ganz nach dem Motto: Quilts sind so verschieden, wie die Menschen, die sie machen.

Weiße Tischdecke

Größe: mit Spitze 150 x 220 cm

Material

- 28 alte Leinenservietten mit Monogramm
- Leinen für den Rand und die Rückseite (Menge abhängig von der Größe des Tops)
- ca. 150 x 220 cm Baumwollvlies-einlage oder Molton nach Belieben
- ca. 8 m alte Baumwoll- oder Leinenspitze
- Quiltgarn, weiß

Schneiden

24 Monogramme 10 x 10 cm groß aus den Servietten ausschneiden. Restliche Servietten in 5 cm breite Streifen schneiden. Vier besonders schöne Monogramme für die Ecken am Rand ausschneiden.

Nähen und Quilten

24 Monogramme mit den Streifen 3 x umrunden und die Patches zum Top zusammennähen. Randstreifen annähen, besondere Monogramme mit einarbeiten. Baumwollvlies oder Molton vor dem Verarbeiten heiß waschen und im Trockner trocknen, damit sie später nicht mehr eingehen. Top, Vlies und Rückseite heften, die ganze Decke mit der Hand quilten und ringsherum mit alter Spitze einfassen.

Tannenbaum

Größe 138 x 138 cm

Material

- 225 cm verschiedene grüne Stoffe
- 20 cm verschiedene braune Stoffe
- 1 m verschiedene weiße Stoffe (auch mit Sternen)
- 9 dunkelrote Innenquadrate à 5 x 5 cm
- 4 weiße Innenquadrate 10 x 10 cm
- 5,50 m Satinschrägband, rot
- 140 x 140 cm Vlies
- 150 x 150 cm Stoff für die Rückseite
- Quiltgarn (z. B. Metallicgarn, silber)

Schneiden

Die Stoffe in 5 cm breite Streifen schneiden
4 große weiße Quadrate à 10 x 10 cm (2 x mit Stern und 2 x ohne Stern) schneiden.

Nähen und Quilten

Insgesamt werden 11 Quadrate vom Zentrum aus 4 x umrundet genäht:

- 3 x nur grüner Stoff
- 6 x grün/weiß mit rotem Innenquadrat
- 2 x braun/weiß mit weißem Innenquadrat
- 4 x nur weißer Stoff (jeweils mit 10 x 10 cm großem Innenquadrat, siehe oben)

Bei den vier weißen Eckquadraten ist das Zentrum bereits 10 cm groß, deshalb werden diese nur noch 3 x umrundet. Die erste, dritte und vierte Reihe (von oben gesehen) entsteht jeweils aus vier Quadraten, siehe Abbildung. Achtung: Die zweite Reihe besteht nur aus drei Quadraten, sie wird mit weißen Streifen nach außen hin solange verbreitert, bis sie die gleiche Länge wie die übrigen Reihen hat. Das Top mit dem Vlies und der Rückseite verstürzt zusammennähen, danach alles gut durchheften und anschließend mit silbernem Metallicfaden oder jedem anderen beliebigen Quiltgarn in jeder Naht handquilten.

Höhenflug

Größe: 210 x 150 cm

Schneiden

24 Innenquadrate à 5 x 5 cm
Streifenbreite 5 cm

Nähen und Quilten

Das Innenquadrat wird 4 x umrundet. 24 Quadrate in der klassischen diagonalen Farbanordnung bilden das Motiv „Barn Raising".
Das geometrische Design wurde mit halbrunden Bögen von Hand gequiltet. Die Rückseite ist knapp nach vorne eingerollt und bildet die Abschlußkante. Seide ist etwas schwieriger zu verarbeiten als Baumwolle und erfordert einige Erfahrung.

Material

- 225 cm farbige Seide (aufgeteilt in 25 cm, 50 cm, 75 cm, 75 cm)
- 175 cm helle Seide (aufgeteilt in 25 cm, 50 cm, 50 cm, 75 cm)
- 10 cm rote Seide für die Innenquadrate
- 400 cm Seide für die Rückseite
- Vlies
- Quiltgarn, naturfarben oder farblich zur Seide passend

Björgs Frühling

Größe: 140 x 200 cm

Material

- verschiedene grüne Stoffe (25 cm , 40 cm, 60 cm)
- Stoff mit Rosendruck (25 cm, 50 cm, 75 cm)
- 10 cm kräftig pinkfarbener Stoff für die Innenquadrate
- 150 cm grüner Stoff für den Rand
- 300 cm Stoff für die Rückseite
- 140 x 200 cm Vlies
- Quiltgarn

Schneiden

18 Innenquadrate à 5 x 5 cm
Streifenbreite 5 cm
Randbreite 25 cm

Nähen

Das Innenquadrat wurde 3 x umrundet, die Patches sind 30 x 30 cm groß. 18 Quadrate wurden in der klassischen Hell-Dunkel-Anordnung genäht und bilden das Muster „Straight Furrows“. Der Quilt wurde in halbrunden Bögen mit der Hand gequiltet. Der Rand ist noch in Arbeit.

Frühling läßt sein blaues Band wieder flattern durch die Lüfte …
Das Top dieses Quilts wurde an einem Tag genäht und mit breiten Randstreifen eingefaßt. Handgequiltete Bögen lockern die strengen Formen auf.
An der Randgestaltung wird noch gequiltet.

Ammoniten

Größe: 275 x 175 cm

Material

- 20 cm roter Stoff für die Innenquadrate
- 250 cm unterschiedliche dunkelblaue Stoffe
- 335 cm unterschiedliche hellblaue Stoffe
- 250 cm dunkelblauer Stoff für den Rand
- 550 cm Stoff für die Rückseite
- 280 x 180 cm Vlies
- Quiltgarn

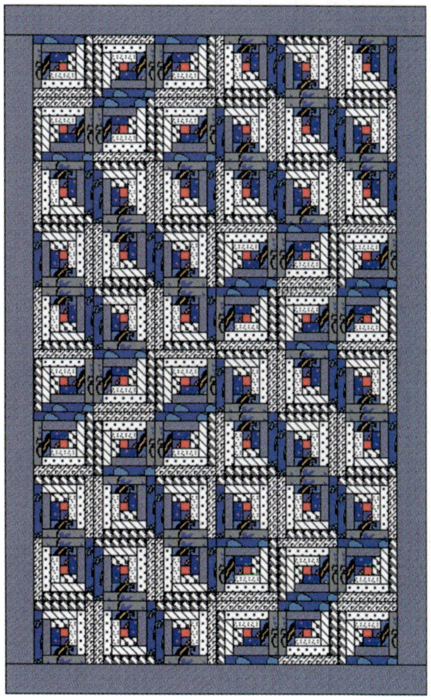

Schneiden

60 Innenquadrate à 6 x 6 cm
Streifenbreite 4 cm

Nähen und Quilten

60 Patches werden 4 x umrundet und das Top nach Vorlage zusammengesetzt.
Rückseite, Vlies und Top werden gut geheftet und anschließend jeder zweite helle Streifen in der Mitte gequiltet, die Innenquadrate mit Herzchen liebevoll verziert. Den Abschluß bildet ein schmaler Streifen aus dem gleichen Stoff wie der Rand. Er wird rechts auf rechts mit der Maschine aufgenäht, nach hinten umgeschlagen und mit der Hand im Saumstich angenäht.

Antiker Log Cabin aus Kanada

Größe: 180 x 170 cm

Der Quilt ist nicht exakt gearbeitet, die Farben sind nicht gleichmäßig angeordnet, die Streifen sind krumm und schief, und doch hat dieser alte, verschlissene Quilt eine ganz eigentümliche Ausstrahlung und einen besonderen Charme.
Der Hersteller und das Alter des Quilts sind unbekannt. Seine heutige Besitzerin kaufte ihn für 120 Dollar in einem Antikshop in Kanada.
Genaue Angaben zu Materialmengen und Verarbeitung lassen sich nicht machen. Dennoch lohnt es sich, dieses ehrwürdige Stück näher zu betrachten und sich davon zu eigenen Arbeiten inspirieren zu lassen.
Das Zentrum der einzelnen Patches besteht aus drei nebeneinander genähten Quadraten, die in der Courthouse-Technik teilweise 4 oder 5 x umrundet wurden. Die Streifen sind unterschiedlich breit und wurden einzeln mit der Hand auf einen Unterstoff von etwa 25 x 25 cm Größe aufgenäht. Die fertigen Patches wurden in der Anordnung „Fields and Furrows" zusammengenäht.
Eine rote Rückseite und ein dünnes Vlies wurden mit dunklem Zwirn in großen Stichen gequiltet. Der Rand ist an drei Seiten mit einer Stoffbordüre eingefaßt, an der vierten Seite mit einem dunkelgemusterten breiteren Streifen aufgefüllt. Der rote Rückwandstoff ist schmalkantig nach vorne gekippt und bildet ringsherum den Abschluß.

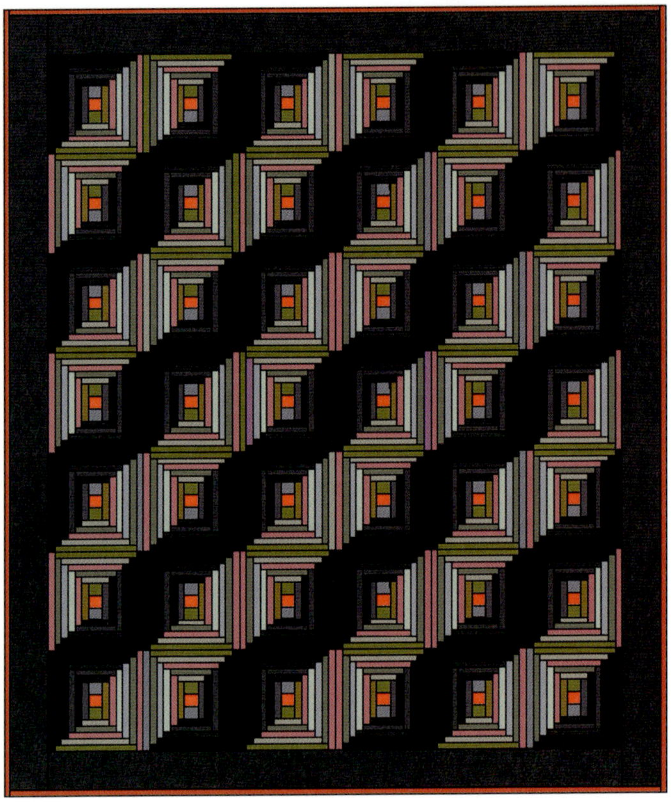

Heuwaage

Größe: 200 x 130 cm

Material

- 8 verschiedene hellgrundige und dunkelgrundige Stoffe, jeweils 25 bis 50 cm
- 10 cm roter Stoff für die Innenquadrate
- 250 cm blaukarierter Baumwollstoff für die Rückseite
- Stoffreste für den Rand
- 1 Vlies, Größe „Twin-Size" (siehe Seite 10)
- Quiltgarn

Schneiden

24 Innenquadrate à 5 x 5 cm
Streifenbreite 5 cm

Nähen und Quilten

Sie benötigen 24 Patches. Die Innenquadrate werden 4 x umrundet. Bei jedem angenähten Streifen wird eine andere Farbe und ein anderes Muster gewählt. Außerdem wird die eine Hälfte der 24 Patches noch einmal in anderer Streifen-Reihenfolge als die andere Hälfte genäht. So vermeiden Sie, daß beim Zusammennähen zwei gleiche Farben zusammenkommen („Balkenbildung", siehe Seite 29). Das Muster nennt sich „Barn Raising", also Aufbau der Scheune: bei den Amish-People ein ganz besonderes Ereignis. Das ganze Quiltoberteil wurde an einem Tag genäht und über die Wintermonate mit der Hand gequiltet.

Wild life

Größe: 125 x 160 cm

Material

- 75 cm beiger Stoff
- 75 cm grüner Stoff
- 12 Tierdrucke à 22 x 22 cm
- 150 cm rostroter Stoff für den Rand
- 150 cm beiger Stoff für den Rand
- 150 cm grüner Stoff für den Rand
- 300 cm Stoff für die Rückseite
- 130 x 165 cm Vlies
- Quiltgarn

Nähen und Quilten

Die Tierbilder werden in zwei Gruppen geteilt: Sechs Bilder werden jeweils 1 x erst grün und dann weiß umrundet, die sechs übrigen erst weiß und dann grün. Die fertigen Blocks werden zum Top zusammengenäht und mit Randstreifen vergrößert.
Das Top wird mit Vlies hinterlegt und mit der Rückwand verstürzt. Anschließend wird in jeder Naht mit der Hand gequiltet

Schneiden

12 Tierbilder à 22 x 22 cm
Streifenbreite (grün und beige) 5 cm
Randstreifen, rostrot, 150 cm
Randstreifen, beige, 150 cm
Randstreifen, grün, 150 cm

Hinweis
Obwohl hier sehr akkurat gearbeitet wurde, entsteht durch die farblich abwechselnde Einrahmung der Bilder der Eindruck von „schief und krumm“ – eine optische Täuschung.

Gartenmöbelbezüge

Material

Für ein einzelnes Quadrat (zum Beispiel für den Hocker):

- fester Gabardine oder Popeline, 110 cm breit
- 20 cm in Weiß
- 20 cm in Grün
- 8 x 8 cm in Pink für das Innenquadrat
- 30 cm in Grün für die Umrandung
- Innenpolster aus 3 cm hohem Schaumstoff (beim Raumausstatter anfertigen lassen)
- 50 cm Hosenbundgummi, 3 cm breit, pro Stuhl
- 10 cm breiter Streifen über die ganze Stofflänge für die Stofftunnel der Haltebänder

Schneiden

Innenquadrat 8 x 8 cm
Streifenbreite 8 cm
Randstreifen nach Bedarf

Nähen und Quilten

Das pinkfarbene Innenquadrat wird 3 x umrundet. Die fertige Patchgröße beträgt 45 cm. Die für die Stuhlgröße notwendige Anzahl der Patches zusammensetzen.
Randstreifen so breit wie nötig schneiden und erst oben, dann unten, dann rechts und links annähen.
Die Rückseite wird aus zwei Teilen (Sitz und Lehne) hergestellt.

Die Haltebänder aus 25 cm langem und 3 cm breitem Hosenbundgummi in einen 75 cm langen Stofftunnel einziehen. Der Stofftunnel wird aus dem 10 cm breitem Streifen genäht, in zwei

Hocker:
1 Patch, 50 x 50 cm

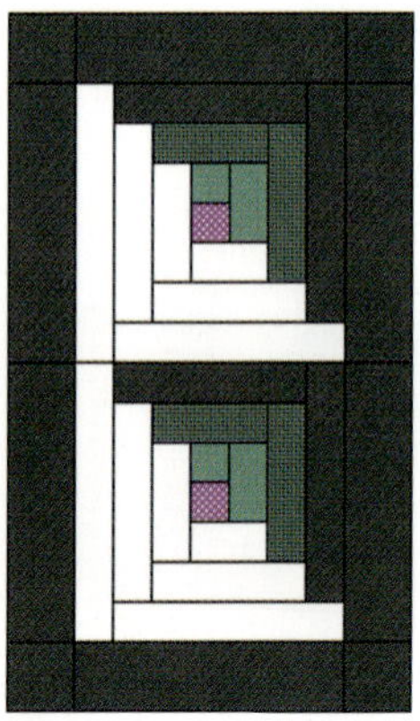

Niedriger Stuhl: 2 Patches, ca. 50 x 80 cm

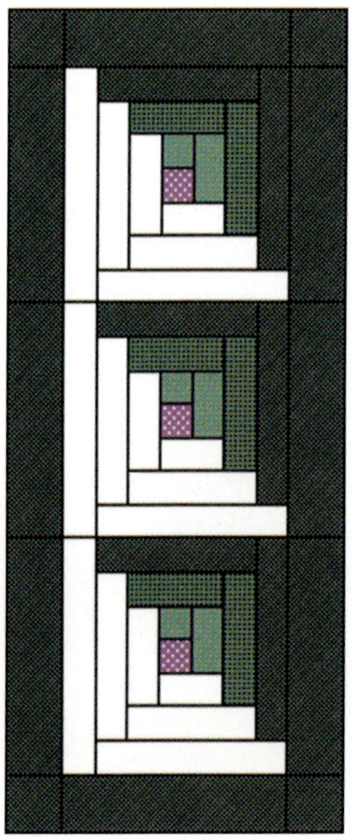

Hoher Stuhl: 3 Patches, ca. 50 x 120 cm

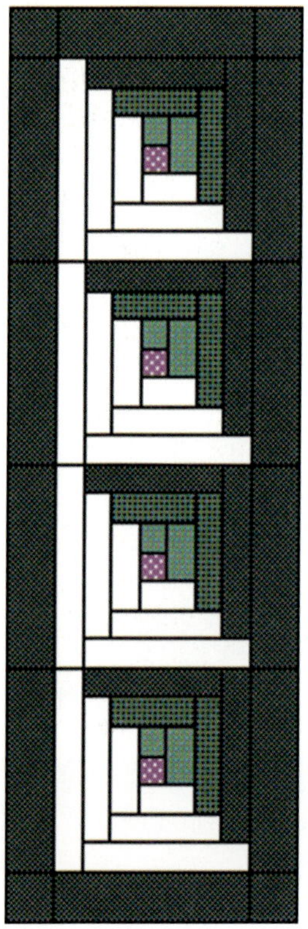

Große Liege:
4 Patches nach Maß

Teile geschnitten und gewendet. Dann ziehen Sie den Hosengummi ein und sichern die Enden mit ein paar Maschinenstichen, damit sie nicht im Tunnel verschwinden.

Die Haltebänder laufen schräg über die oberen Ecken der Sitzkissen. Beim verstürzten Zusammennähen von Top und Rückwand werden die Haltebänder nach innen gelegt und gleich mit festgenäht. Steppen Sie an dieser Stelle mehrfach ab. Schließlich stecken Sie die Polster in die Überzüge und schließen die Öffnungen mit ein paar Stichen.

Tischdecke für den Garten

Größe: 125 x 125 cm

Material

Gleiches Material wie für die Gartenstühle, Segeltuch oder Möbelstoff:

- 50 x 110 cm in Weiß
- 50 x 110 cm in verschiedenen Grüntönen
- 70 x 110 cm (weiß, pink, grün) für den Rand
- 4 pinkfarbene Innenquadrate à 8 x 8 cm
- Molton für die Rückseite

Schneiden

4 Innenquadrate à 8 x 8 cm
Streifenbreite 8 cm
Randbreite beliebig

Nähen und Quilten

Es werden vier Patches hergestellt, bei denen das Innenquadrat jeweils 3 x umrundet wird. Die Patches werden zum Viererblock zusammengenäht und durch Randstreifen vergrößert, bis die gewünschten Maße erreicht sind.
Die Decke wird mit Molton verstürzt und mit der Maschine in der Naht gequiltet, Stichlänge 6 mit passendem Ober- und Unterfaden.

Lassen Sie sich durch diese sechs Beispiele zu eigenen Gestaltungsideen inspirieren.

Opas Achtzigster

Größe: 190 x 140 cm

Material

- ca. 500 cm Stoff: hellgrundig gemustert (Gardinenreste)
- dunkelgrüner Dekostoff
- Reste von hellgrünem Dekostoff
- königsblauer Satin (Rest)
- 400 cm Stoff für die Rückseite
- 200 x 150 cm Vlies
- Quiltgarn

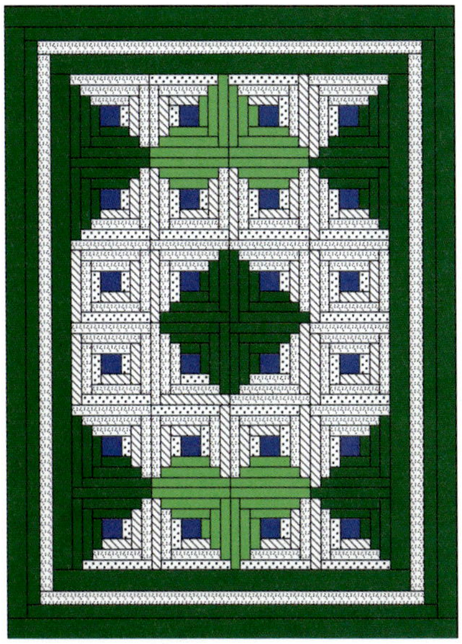

Schneiden

24 Quadrate aus blauem Satin
à 7 x 7 cm
Streifenbreite 5 cm (alle anderen Stoffe)

Nähen und Quilten

24 Quadrate werden 3 x umrundet in unterschiedlicher Farbfolge genäht:
4 einfarbig helle Patches
12 Patches dunkelgrün/hell
4 Patches hellgrün/hell
4 Patches, bei denen drei Seiten hell und nur eine Seite hellgrün sind.

Bei der Anordnung entstehen zwei einander gegenüberliegende Herzen aus dem hellgrünen Stoff. Der Rand wird aus den restlichen Stoffen genäht. Es wird mit der Hand in jeder zweiten Naht gequiltet. Die Herzen werden eigens etwas herausgearbeitet (siehe Grafik).

Country Blue

Größe: 255 x 255 cm

Material

- Herzchenstoff für das Zentrum (49 Herzen à 6 x 6 cm)
- 750 cm verschiedene blaue Stoffe
- 300 cm verschiedene helle Stoffe
- ca. 450 cm Stoff für die Rückseite
- Stoff für den Rand
- 230 x 275 cm Vlies, „Queen Size" (siehe Seite 10)
- Quiltgarn

Schneiden

49 Herzchenquadrate à 6 x 6 cm
Streifenbreite 5 cm (blaue und helle Stoffe)
Randstreifen: beliebig breit

Nähen

Die Herzchen werden 4 x umrundet, das einzelne Patch wird dabei 35 cm groß.
Die Quadrate werden klassisch angeordnet. Rückseite, Vlies und Top werden gut geheftet und dann mit der Hand jedes Herz und jedes 2. Quadrat gequiltet. Zum Schluß wird der Rand angebracht.

Hinweis
Bei der Grafik sind aus technischen Gründen die Quadrate nur dreimal umrundet dargestellt.

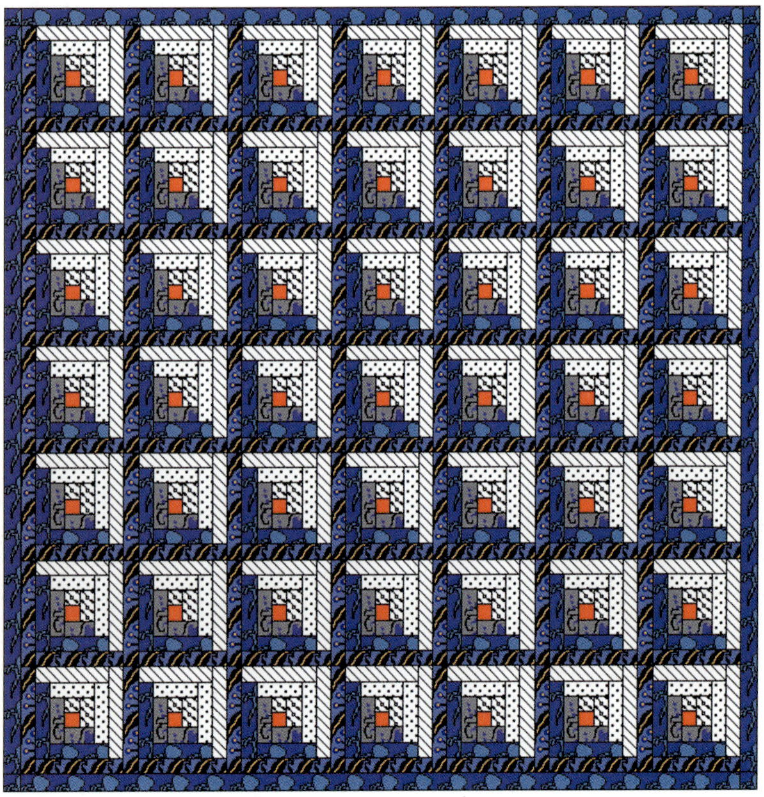

Katzenquilt

Größe: 90 x 120 cm

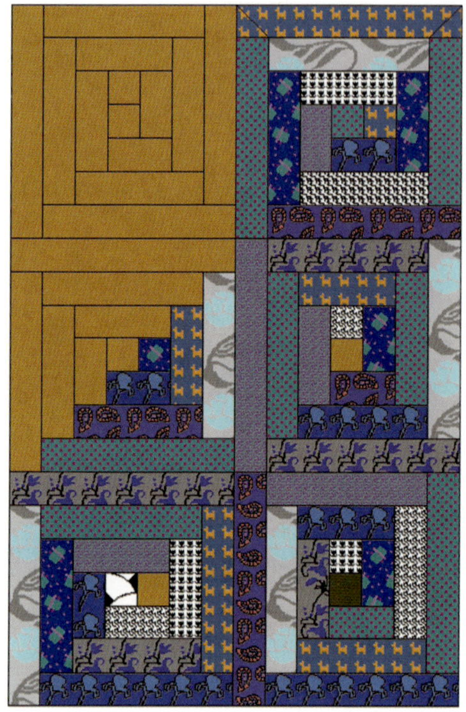

Material

Für eine Katze:
- 10 verschiedene Baumwollstoffstreifen
- 10 cm gelber Hintergrundstoff

Außerdem:
- Reste für die Randgestaltung
- weinroter Streifen für die Abschlußkante
- 90 x 120 cm Stoff für die Rückwand
- 100 x 130 cm Vlies
- Quiltgarn

Für die Ohren der Katze werden kleine Quadrate diagonal auf das betreffende Streifenende (siehe Grafik) genäht. Der überschüssige Stoff wird unterhalb der Naht abgeschnitten (Connector-Technik) und das restliche Dreieck über die Naht nach unten gebügelt.

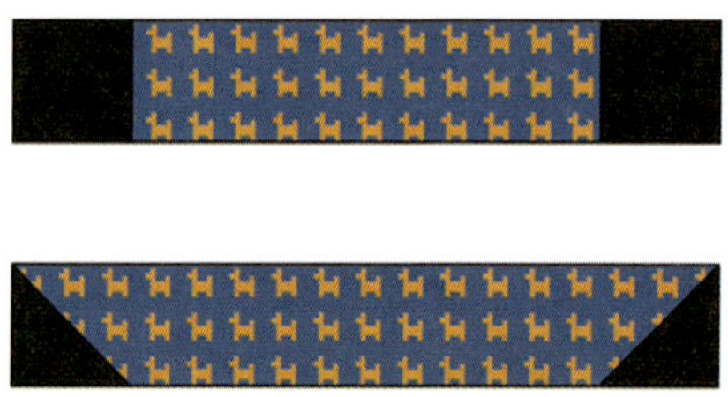

In der Mitte wurde ein Log-Cabin-Herz aus 1,5 cm schmalen Streifen eingefügt (Anleitung siehe Seite 73).

Der Rand besteht aus lauter kleinen Fischen, die in Connector-Technik genäht sind. Dafür lassen sich Stoffreste hervorragend verwenden.

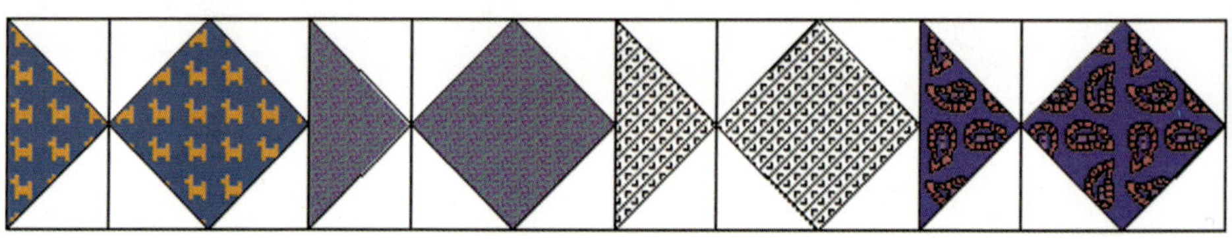

Schneiden

Innenquadrate 3,5 x 3,5 cm
Streifenbreite 3,5 cm (1 1/4 Inch)

Nähen und Quilten

Pro Katze nähen Sie vier Patches nur in gemusterten Stoffen, ein Patch wird farblich diagonal in Hell und Dunkel geteilt und ein Patch nur in hellem Stoff.

Häuserquilt

Größe: 210 x 210 cm
(Gruppenarbeit, siehe Grafik)

Material

Für ein Haus:

- 15 cm Stoff für die Fenster, Fensterläden, Tür, Himmel, Dach
- 15 cm Stoff für das Haus

Außerdem:

- 200 cm Stoff für den Rand (ganze Decke)
- 410 cm Stoff für die Rückseite (ganze Decke)
- 1 amerikanisches traditionelles Vlies, Größe „Twin-Size" (siehe Seite 10)
- Quiltgarn nach Belieben

Schneiden

Innenquadrate 3,5 x 3,5 cm
Streifenbreite 3,5 cm (1 3/8 Inch)

Nähen und Quilten

Jedes Haus besteht aus acht Patches und hat die Maße 30 x 60 cm (12 x 24 Inches). Ein Patch mißt 15 x 15 cm (6 x 6 Inches). Vier Patches werden in der Courthouse-Technik und vier in der normalen Log-Cabin-Technik genäht. Beachten Sie bei Giebel und Himmel die Spiegeltechnik der Blocks, sonst ist der stufenförmige Verlauf nicht gewährleistet. Der untere Teil des Hauses wird in der Courthouse-Technik genäht: Die Streifen werden nicht im Uhrzeigersinn, sondern einander gegenüberliegend an das Zentrum angenäht (oben – unten, rechts – links).

Damit das Dach gelingt, müssen Sie die Spiegeltechnik anwenden.

Bei der Courthause-Technik werden die Streifen nicht im Uhrzeigersinn, sondern einander gegenüberliegend an das Innenquadrat genäht.

Das Haus-Motiv in Log-Cabin-Technik bietet sich für beliebig große Quilts an. Die Grafik zeigt eine Gruppenarbeit, bestehend aus 18 Häusern. Weitere Gestaltungsmöglichkeiten sehen Sie auf den beiden Fotos.

So entstehen die Patches für das Dach in Spiegeltechnik.

Haustüren können in die Patches eingearbeitet oder nachträglich appliziert werden.

Verschiedene Wettersituationen können durch unterschiedliches Grau oder Blau dargestellt werden.
Der Phantasie sind keine Grenzen gesetzt: Sie können die Dächer schiefergrau oder ziegelrot anlegen, die Häuserfronten in verschiedenen kräftigen Farben, Fenster und Fensterläden nach Belieben gestalten. Haustüren können eingearbeitet oder nachträglich appliziert werden.

Kleiner Multi

Größe: 84 x 84 cm

Material

Bei diesem kleinen Quilt wurden nur Reste verarbeitet, daher ist keine genaue Stoffangabe möglich.

- verschiedenfarbige Reste für die Streifen
- 85 x 85 cm Rückseitenstoff
- blau-weiß karierter Stoff für den Randstreifen (Menge nach Belieben)
- kariertes Schrägband (Laura Ashley)
- 85 x 85 cm Vlies
- schmales rotes Schleifenband
- Metallic-Quiltgarn, goldfarben

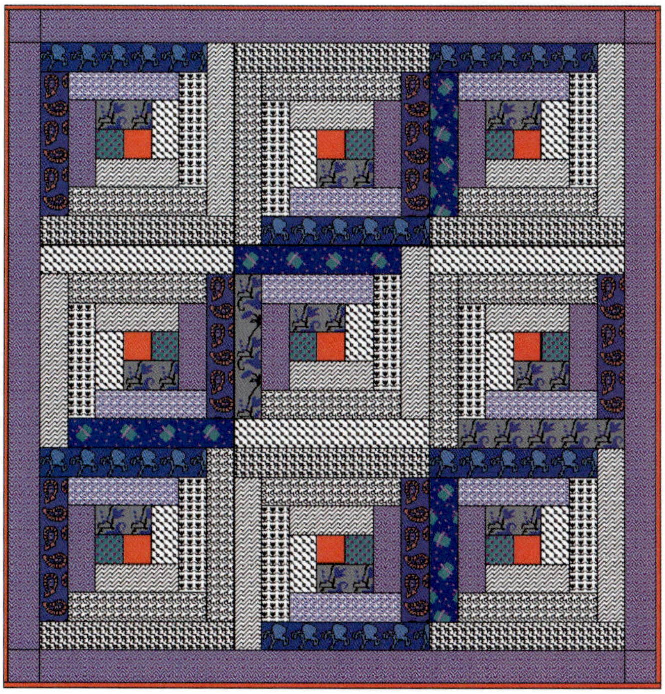

Schneiden

9 Innenquadrate, rotgrundig, à 5 x 5 cm
Streifenbreite 5 cm
Randbreite beliebig

Nähen und Quilten

Neun rote Innenquadrate werden 3 x umrundet. Die Streifen sind in hell- und dunkelgrundige Stoffe sortiert. Die Anordnung der Patches ist nach dem System „Fields and Furrows" genäht. Der blaukarierte Rand vergrößert das Stück nach Belieben.
Die Zentren werden mit kleinen Schleifen versehen, die Patches nach Belieben gequiltet. Abschließend wird der Quilt mit Schrägband eingefaßt.

Log-Cabin-
Variationen

Ein Erstlingswerk

Größe: 270 x 200 cm

Schneiden

Quadrate 5 x 5 cm (roter Stoff)
Streifenbreite 5 cm (blauer Stoff)

Nähen und Quilten

Bei der Off-Center-Technik gibt es kein Zentrum. Das „Innenquadrat" wird an eine Ecke verlegt, die Streifen werden immer nur an zwei Seiten genäht. Achtung: Diese Art von Log Cabin muß sehr exakt gearbeitet werden, weil sonst beim späteren Zusammennähen des Tops die Nähte nicht aufeinanderpassen. Nach dem Zusammennähen wird das Top mit beliebigen Rändern eingerahmt, gequiltet oder geknotet.

Material

- 575 cm blauer Stoff
- 100 cm roter Stoff für Zentrum und Rand
- 250 cm schwarzer Stoff für den Rand
- 550 cm Stoff für die Rückwand
- 280 x 210 cm Vlies
- Quiltgarn

Illes kleiner Wandbehang

Größe: 93 x 84 cm

Material

- je 10 bis 25 cm Stoff in verschiedenen Farben
- 250 cm dunkelblauer Stoff für den Hintergrund
- 100 x 100 cm Stoff für die Rückwand
- 100 x 100 cm Vlies
- Maschinenquiltgarn

Schneiden

Quadrate 2,5 x 2,5 cm
Streifenbreite 2,5 cm

Nähen und Quilten

Die Patches wurden in der Off-Center-Technik genäht und in dunkelblauen Hintergrund eingearbeitet. Der gestreifte Rand wurde aus den Streifenresten genäht und diagonal geschnitten. (In der Grafik ist der bunte Rand aus technischen Gründen gerade dargestellt.) Der fertige Quilt wurde von der Mitte des unteren Randes aus nach oben strahlenförmig mit der Maschine gequiltet.

Geburts-tagsquilt

Größe: 150 x 220 cm

Material

- 250 cm geblümter Stoff
- 50 cm gestreifter Stoff
- 150 cm beiger Stoff
- 10 cm roter Stoff
- 75 cm Stoff für den Rand
- 350 cm Stoff für die Rückwand
- 1 Vlies, Größe: 180 x 220 cm
- Quiltgarn

Schneiden

Streifenbreite für gestreiften und geblümten Stoff: 5 cm
Streifenbreite für beigefarbenen Stoff: 3,5 cm
8 beigefarbene Innenquadrate à 5 x 5 cm
40 rote Innenquadrate à 5 x 5 cm

Nähen und Quilten

Die 48 Quadrate werden aufgeteilt in 40 Patches mit rotem Zentrum und breiten, geblümten Streifen sowie 8 Patches mit beigefarbenem Zentrum und breiten, gestreiften Streifen. Alle Patches werden mit schmalen, beigefarbenen Streifen komplettiert. Die Zentren werden jeweils 4 x umrundet. Das Top wird mit dem Vlies und der Rückwand geheftet, gequiltet und mit dem Rand eingefaßt. Die Quadrate sind mit der Maschine, Stichlänge 6, einmal außen herum abgesteppt, der Rest ist mit der Hand gequiltet.

Griechisch-römisch

Größe: 155 x 220 cm

Material

- 24 Bilder für die Innenquadrate
- 100 cm dunkelgrundiger Stoff
- 150 cm hellgrundiger Stoff
- 125 cm roter Stoff für die Umrandungen
- 165 x 220 cm Stoff für die Rückwand
- 165 x 230 cm Vlies
- Quiltgarn

Der Rand und die Abschlußkante sind aus den restlichen Stoffen entstanden.

Schneiden

Figuren in gleichgroße Quadrate schneiden.
Streifenbreite 3 cm (dunkler und roter Stoff) bzw. 5 cm (heller Stoff)

Nähen

Durch die unterschiedlich breiten Streifen „rutscht" das Innenquadrat aus dem Zentrum. Einen besonderen Akzent setzt der rote Streifen, der zusätzlich vor der ersten Umrandung an zwei Seiten der Stoffbilder angenäht wird und vom nächstfolgenden Streifen einfach so weit abgedeckt wird, daß er nur ganz schmal sichtbar bleibt. Umrunden Sie jedes Bild wie gewohnt mit den schmalen dunklen und den breiten hellen Streifen 3 x. Die Patches werden wegen der Figuren in der klassichen Technik ausgelegt (alle dunklen Seiten der Patches weisen in die gleiche Richtung, siehe Grafik) und zusammengenäht. Das Top wird mit Rändern versehen, mit Vlies und Rückwand zusammengeheftet und dann gequiltet. Ganz zum Schluß bringen Sie eine Abschlußkante an.

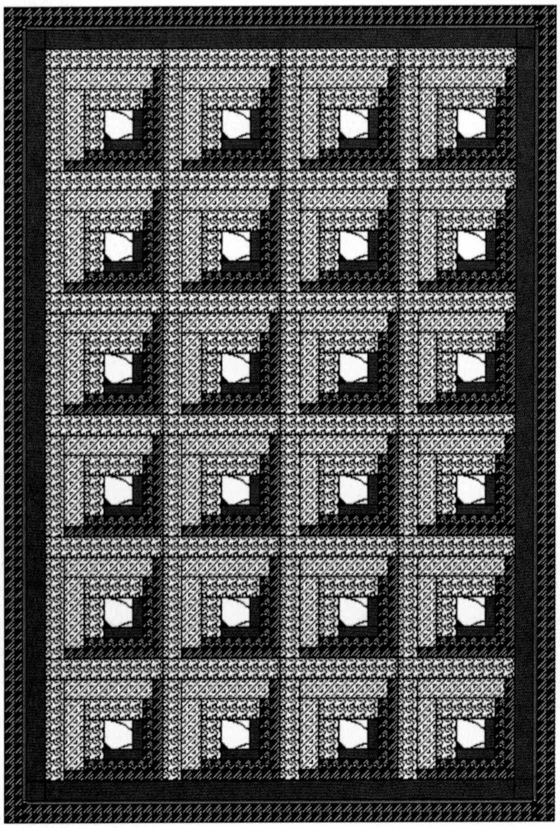

PLAUEN I.V.

Grüner Fluß

Größe: 250 x 290 cm (Wasserbett)

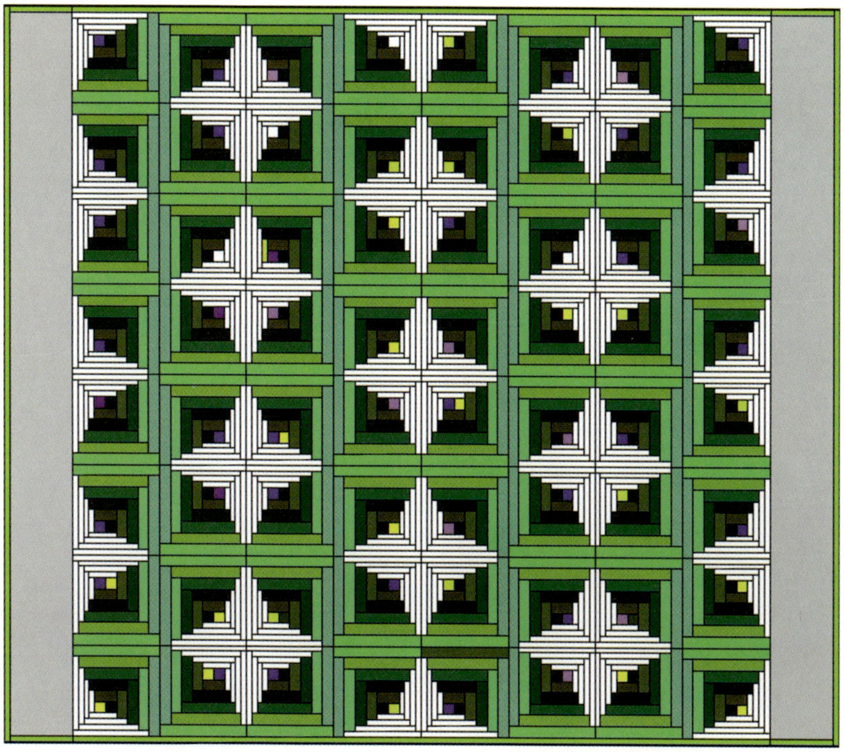

Material

- 650 cm verschiedene grüne Stoffe unterschiedlicher Qualität
- 300 cm verschiedene weiße Stoffe unterschiedlicher Qualität
- 6 x 10 cm verschiedene leuchtend bunte Stoffe für die Zentren
- 300 x 250 cm Stoff für die Rückwand
- 250 cm silberfarbener Stoff für die Seitenränder
- 10 m Crash-Satin-Schrägband, 8 cm breit (aus dem Gardinenladen)
- 1 traditionelles amerikanisches Vlies, Größe „King-Size" (siehe Seite 10)
- Quiltgarn

Schneiden

Innenquadrate 5 x 5 cm
Streifenbreite 5 cm (grüne Streifen) bzw. 3 cm (weiße Streifen)

Nähen und Quilten

64 Patches werden in der klassischen Technik genäht. Ein Patch mißt 28 x 28 cm. Das Innenquadrat wird 5 x umrundet.

Die grünen Stoffe sind farblich völlig ungeordnet genäht, dadurch wird beim späteren Zusammenfügen die Balkenbildung vermieden.
Sie benötigen dazu mindestens 10 Grüntöne, je mehr desto besser. Das heißt sammeln, sammeln, sammeln. Jeder Grünton ist verwendbar, auch angeblich häßliche Farbtöne gehören dazu, damit sich die schönen Farben entfalten können (betrachten Sie beim nächsten Spaziergang die völlig unterschiedlichen Grüntöne in der Natur, die hervorragend nebeneinander aussehen). Das gleiche gilt für die weißen Stoffe.
Es gibt verschiedene Möglichkeiten die genähten 64 Blocks zu einem Muster zu legen. Ich habe mich aus persönlichen Gründen zu dieser Anordnung inspirieren lassen und finde sie gelungen.

Hinweise
Bei diesem Quilt wurde keine Rücksicht auf gleichmäßige Stoffqualitäten gelegt. Zu dünne Stoffe oder Stoffe mit Lochmuster wurden einfach doppelt genommen oder mit aufbügelbarem Vlies hinterlegt. Seidenstoffe sollten grundsätzlich vor dem Zuschneiden auf spezielles Seidenvlies aufgebügelt werden, um ein Ausfransen zu vermeiden.
Achtung: Durch die Größe und die verschiedenen Stoffqualitäten wird die Decke ziemlich schwer, achten Sie beim Vlies und der Rückwand deshalb auf sehr leichte Ware. Dieser Quilt ist bis jetzt mit der Maschine längs und quer abgesteppt. Die Rundungen werden noch mit der Hand gequiltet, die Zentren werden geknotet.

Goldener Oktober

Größe: 110 x 110 cm

Material

- 75 cm verschiedene helle, cremefarbene Seidenstoffe (Reste)
- 125 cm Goldlamé für den Kranz (verschiedene goldfarbene Stoffe ergeben ein schöneres Bild)
- 125 cm braun-goldene Designer-Stoffe für den Kranz
- jeweils ca. 25 bis 50 cm verschiedene Stoffe für den Rand
- 110 x 260 cm Stoff für die Rückwand
- amerikanisches „Low-loft"-Vlies, Größe: Twin-Size (siehe Seite 10)
- Metallicgarn, goldfarben, zum Quilten

Schneiden

16 Innenquadrate à 5 x 5 cm (Farben siehe Abb.)
Streifenbreite 5 cm (breite Streifen) bzw. 2,5 cm (schmale Streifen)

Nähen

Der Umgang mit den effektvollen Lamé-Stoffen erfordert etwas Erfahrung. Das Innenquadrat wird 4 x mit den schmalen und 5 x mit den breiten Streifen umrundet. Nähen Sie von jeder Farbgruppe 4 Patches, ordnen Sie die genähten Patches reihenweise an wie abgebildet.

Nähen Sie Pärchen, und kontrollieren Sie Ihre Arbeit des öfteren, ob die Anordnung noch stimmt. Fügen Sie die Pärchen zu Reihen und schließlich zum fertigen Top zusammen.

Sind die 16 Patches zusammengenäht, wird rundherum stufenweise die Rundung des Kranzes eingearbeitet, bevor der Quilt eingefaßt wird: Beim ersten Randstreifen setzen Sie ein Stück Kranzfarbe in der Länge von 1 1/2 Patches zwischen zwei Stücke der Hintergrundfarbe, die eine Länge von je 1 1/2 Patches haben sollten. Beim zweiten Randstreifen setzen Sie ein Stück Kranzfarbe in der Länge von 1 1/4 Patch zwischen zwei Stücke, die eine Länge von 1 1/2 Patches haben sollten. Beim dritten Randstreifen setzen Sie ein Stück Kranzfarbe der Länge von 1 Patch zwischen zwei Stücke Hintergrundfarbe wieder von 1 1/2 Patches Länge.

Diese Randstreifen nähen Sie nacheinander an das Top an und schneiden die überstehenden Enden ab. Zum Schluß wird der Quilt noch einmal mit einer

Abschlußkante versehen, die das ganze Bild einrahmt.

Das fertige Top wird mit dem Vlies und der Rückseite geheftet und dann per Hand in jeder Naht mit goldenem Metallicfaden gequiltet. Das verwendete Low-loft-Vlies ist sehr leicht, aber nicht flach, so daß die Quiltstiche sehr plastisch werden. Die Rundung des Kranzes wird, wie beim Binden, in gewundener Richtung gequiltet. Dadurch bekommt er seinen typischen Kranzcharakter.

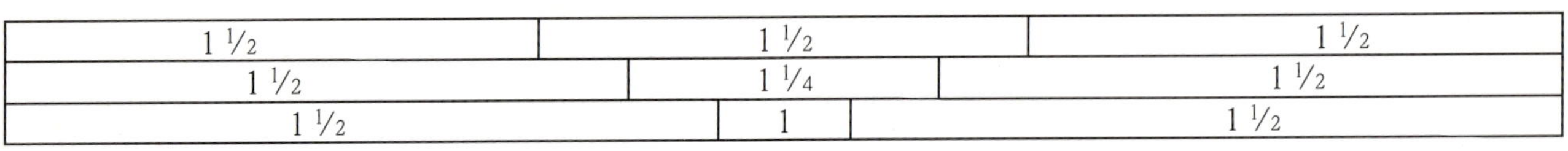

Snow Flake

Größe: 110 x 110 cm

Material

Keine genauen Stoffangaben möglich:

- strukturierte, edle weiße Stoffe (Brautkleider oder ähnliches)
- verschiedene Silberstoffe, auf Seidenvlies aufgebügelt, um eine ähnliche Stoffstärke wie die weißen Stoffe zu erhalten
- schwarzer Baumwollstoff für den Hintergrund
- weiße, silberfarbene und schwarze Streifenreste für den Rand
- 120 x 120 cm traditionelles amerikanisches Vlies
- 120 x 120 cm edler silberfarbener Stoff für die Rückwand
- Metallicfaden, silber, zum Quilten

Schneiden

12 weiße Rauten für die Mitte aus den 5 cm breiten Streifen im 60°-Winkel schneiden
Streifenbreite 5 cm (weiße Stoffe)
Streifenbreite 3 cm (silberfarbene und schwarze Stoffe)
4 x Hintergrunddreiecke nach Maß anfertigen
Randstreifen aus Resten

Nähen

Insgesamt nähen Sie zwölf rautenförmige Patches: sechs in der Farbkombination Weiß-Silber und sechs in der Kombination Weiß-Schwarz. Achtung: Bei den sechs silber-weißen Rauten wechselt die Farbe an der spitzen Seite, bei den sechs schwarz-weißen Rauten an der breiten Seite (siehe Grafik). Das Zentrum wird 4 x umrundet.
Fügen Sie jeweils drei der weiß-silbernen Rauten zusammen und nähen Sie diese beiden Hälften zum inneren Stern.
Dann setzen Sie die Außenrauten sorgfältig ein und ergänzen den Hintergrund mit passenden Dreiecken in Schwarz zu der gewünschten Größe.
Fügen Sie Ränder nach Belieben an.
Das Top wird mit großen Heftstichen auf das Vlies geheftet. Überschüssiger Stoff wird abgeschnitten. Dann nähen Sie Top und Vlies rechts auf rechts mit der Rückwand verstürzt zusammen.
Zum Wenden lassen Sie eine kleine Stelle offen. Ecken abschneiden. Wenden und alle drei Lagen gut heften.
Mit silbenem Metallicfaden quilten Sie in jeder Naht mit der Hand. Die Ränder phantasievoll mit Quiltstichen bearbeiten.
Der Quilt wird signiert, mit einer Aufhängevorrichtung versehen und aufgehängt.

Durch die Quiltstiche wirkt auch die silberfarbene Rückseite des Schneeflocken-Quilts sehr attraktiv.

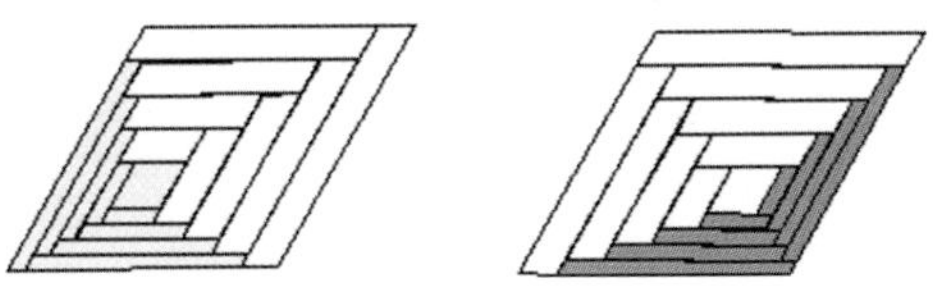

Pineapple

Größe: 65 x 65 cm

Material

- 50 cm grüner Stoff
- 50 cm verschiedene gelbe Stoffe
- 25 cm rostroter Stoff
- 20 cm grüner Stoff für den Rand
- 75 x 75 cm Stoff für die Rückseite
- 75 x 75 cm Vlies
- Quiltgarn

Schneiden

4 rostrote Innenquadrate à 10 x 10 cm
Streifenbreite 5 cm (gelbe und grüne Stoffe)

Nähen und Quilten

An allen 4 Seiten des Innenquadrates gelbe Streifen annähen und vom Quadrat aus nach außen bügeln. Auf der rechten Seite das Lineal im 45°-Winkel an der Naht anlegen, an den Eckpunkten 0,5 cm Nahtzugabe beachten, restlichen Stoff abschneiden.
In der nächsten Runde grüne Streifen annähen, bügeln, das Lineal im 45°-Winkel an der Naht anlegen. Achtung: ab der 2. Runde jeweils plus 3,75 cm von den Eckpunkten aus abschneiden. Markieren Sie sich das Lineal mit einem Tesastreifen genau da, wo Sie den Schnitt 1 und den Schnitt 2 usw. anlegen müssen, das erleichtert die Arbeit erheblich.

Die Patches werden mit Verbindungsstreifen (Sashings) aneinandergenäht, die das einzelne Muster einrahmen: Das beruhigt das etwas quirlige Motiv. Die kleine Decke wurde mit dem Vlies und der Rückseite verstürzt zusammengenäht und mit der Hand gequiltet.

Crazy Rose

Wir haben bis jetzt nur quadratische Log-Cabin-Zentren gesehen, die von unterschiedlich breiten Streifen gerahmt wurden, Quadrate, die von der Mitte in eine Ecke der Patches versetzt wurden, Pineapple-Patches, bei denen die Streifen im 45°-Winkel statt im 90°-Winkel geschnitten wurden, und einen Log Cabin mit rautenförmigen Zentren.
Noch bunter treibt es die verrückteste Variante des Log Cabin, die deshalb auch „Crazy Rose“ heißt: Um ein Fünfeck gruppieren sich Streifen, die diagonal angesetzt werden, bis das Patch die gewünschte Größe erreicht hat. Und siehe da: Verblüffenderweise ähnelt das Ergebnis tatsächlich dem Aufbau einer Rosenblüte.

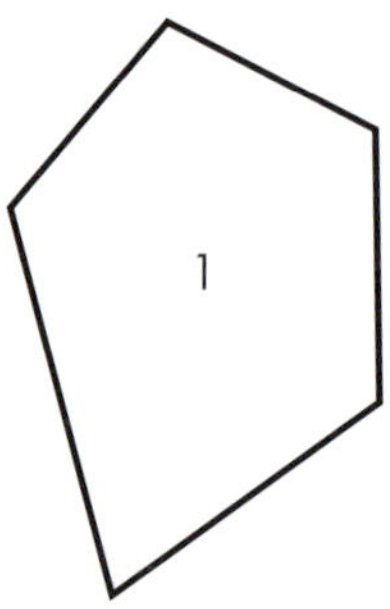

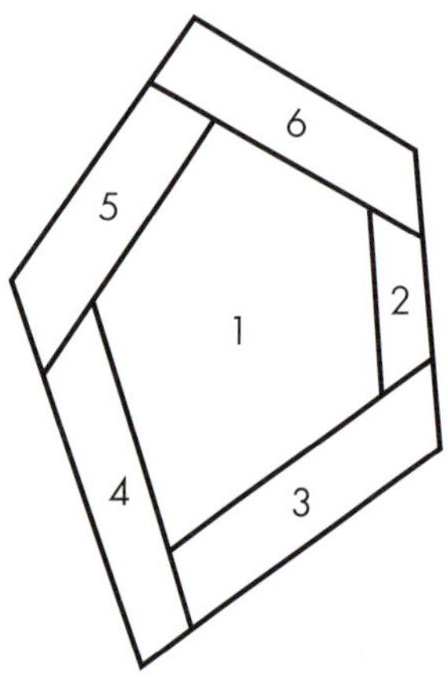

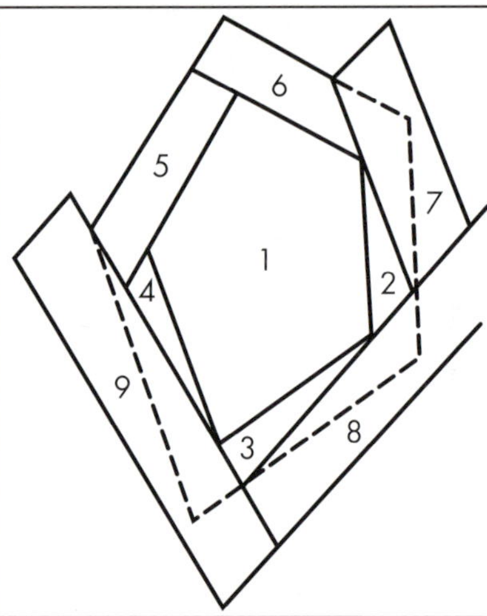

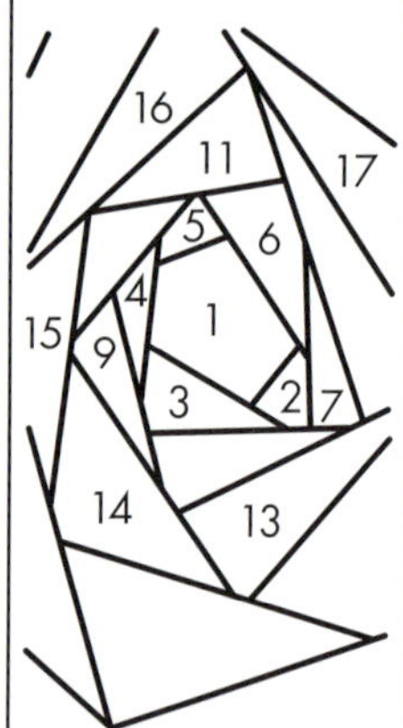

Fünfeck ausschneiden	Fünfeck mit beliebig breiten geraden Streifen im Uhrzeigersinn umrunden	Ab der zweiten Umrundung gerade Streifen diagonal auf den unteren Streifen legen und zwar von der linken unteren Ecke in die rechte obere Ecke, Winkel dabei nicht überdecken und festnähen. Den überschüssigen Stoff mit der Schere abschneiden.	Jede weitere Runde wie die vorherige arbeiten. Wie bei einer richtigen Rose wählen Sie nach außen hin immer heller werdende Stoffe.

Liebenswerte Kleinigkeiten

Eierwärmer-Hahn

Material

Für einen Hahn:

- Rest roter Stoff für Innenquadrate
- ca. 5 cm roter Filz für den Kamm und den Schnabel
- 3 verschiedene gelbe, kleingemusterte Baumwollstoffe
- 3 verschiedene grüne, kleingemusterte Baumwollstoffe
- Vliesrest
- Baumwollstoff als Futter
- verschiedene schmale, bunte Geschenkbänder oder eine gelbe Schleife für den Schweif

Schneiden

2 Innenquadrate à 3 x 3 cm
Streifenbreite 3 cm

Nähen

Für einen Eierwärmer brauchen Sie 2 Patches. Das Innenquadrat wird 3 x umrundet. Nähen Sie die Streifen gleich auf das Vlies auf, damit ersparen Sie sich das Quilten.
Fertigen Sie aus rotem Filz einen Hahnenkamm und einen Schnabel. Legen Sie die beiden Patches rechts auf rechts, und plazieren Sie den Kamm und den Schnabel dazwischen (Achtung! Kammspitze und Schnabelspitze zeigen nach innnen). Dann nähen Sie die Patches an diesen beiden Seiten zusammen. Umdrehen.
Für das Futter nehmen Sie zwei gleichgroße Stoffquadrate, nähen diese an einer Seite ganz, an der anderen Seite (Wendeöffnung!) teilweise zu.
Patches und Futter rechts auf rechts verstürzt nähen, wenden, die Öffnung schließen, den Hahnenschwanz mit vielen schmalen, bunten Bändern andeuten, Augen aufmalen oder -sticken, und schon kann der prächtige Gockel auf dem Frühstücksei Platz nehmen. Wer mag, kann auf die gleiche Weise auch einen Kaffeewärmer anfertigen. Beides sieht nicht nur an Ostern lustig auf dem Kaffeetisch aus.

Reishuhn

Um das hübsche Reishuhn (Foto links, auf den Eiern) herzustellen brauchen Sie zwei 8 x 8 cm große Quadrate aus 1,5 cm breiten Streifen im Log-Cabin-Muster. Schnabel und Hahnenkamm stellen Sie aus rotem Filz selbst her. Zwei kleine dunkle Perlen stellen die Augen dar. Zwei doppelt gefaltete, 8 cm große Stoffquadrate bilden den Schwanz.

(Fortsetzung auf Seite 72)

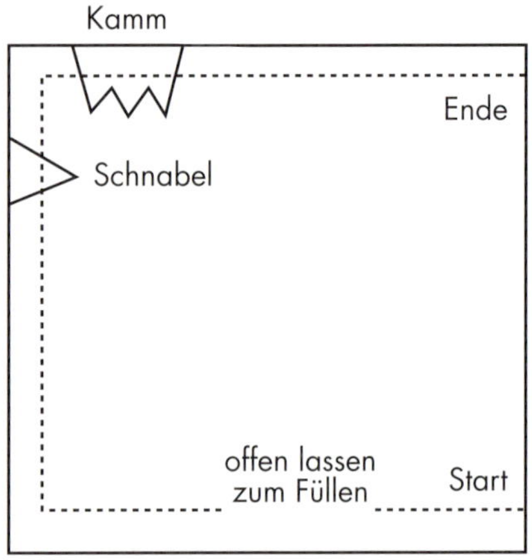

Schürze

Eine solche Schürze gelingt auch Einsteigern ohne Probleme. Sie brauchen dazu lediglich einfarbigen oder gemusterten Baumwollstoff und zwei Log-Cabin-Blöcke: Der Block für den Latz ist 25 x 25 cm groß, der Block für die Tasche etwas kleiner. Die Schürze können Sie aus einfachen Rechtecken und langen Bändern ganz einfach anfertigen.

Nähen

Nähen Sie wie oben abgebildet die beiden Teile des Reishuhns zu. Nachdem drei Seiten geschlossen sind, wird der aus den doppelt gefalteten Stoffquadraten vorbereitete Schwanz nach innen in das Huhn gelegt. Rückennaht und Bauchnaht treffen nun aufeinander (Kreuznaht). Schließen Sie diese letzte Naht. Wenden und füllen Sie das Huhn mit Reis und schließen Sie mit der Hand die Öffnung. Fertig ist das Huhn.

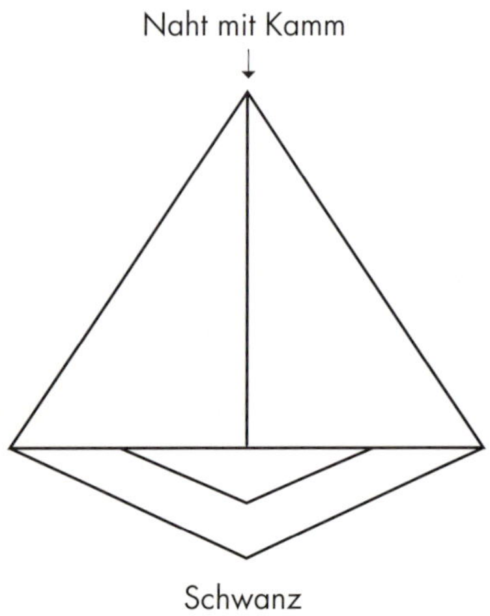

Log-Cabin-Herz

Größe: 68 x 68 cm

Material

- 50 cm roter Stoff
- 50 cm weißer Stoff
- etwas Stoff für den Rand
- Vlies und Rückseite je nach Kissengröße
- Quiltgarn

Schneiden

Streifenbreite 3,5 cm

Nähen und Quilten

Das Herz besteht aus vier Patches: Die beiden oberen werden in der Courthouse-Technik, die beiden unteren in gespiegelter Log-Cabin-Technik genäht. Das Innenquadrat wird 4 x umrundet. Beim Zusammensetzen der Patches kann zusätzlich ein Streifen in die Mitte gesetzt werden, um das Herz abzurunden (siehe Grafik). Mit Randstreifen vergrößert und handgequiltet, wird das Log-Cabin-Herz zu einem außergewöhnlichen Muttertagskissen.

Hinweis
Durch die Wahl der Streifenbreite läßt sich das Herz größer oder kleiner anfertigen.

Log-Cabin-Tasche

Material

10 cm Stoff für die Innenquadrate
50 cm hellgrundiger Stoff
75 cm dunkler Stoff
100 cm Molton
100 cm Futterstoff
festes Material für die Henkel
Vorbereitung:
16 Innenquadrate à 4 x 4 cm
Streifenbreite 4 cm

Nähen und Quilten

16 Patches nähen, das Innenquadrat dabei 3 x umrunden. Die fertige Patchgröße beträgt 20 x 20 cm.
Jeweils vier Patches auf einen 20 cm breiten und 80 cm langen Moltonstreifen aufsteppen. Dabei auch ein paar Linien mit der Maschine quilten. Die Streifen windmühlenartig auslegen (siehe Grafik). Das jeweils äußerste Patch von links unten nach rechts oben diagonal abschneiden. Futter in den gleichen Maßen anfertigen. Nähen Sie die Seiten A + A, B + B, C + C, D + D, zusammen. Arbeiten Sie von innen nach außen. Mit dem Futter verfahren Sie genauso. Die restlichen halben Patches werden als Innentasche auf das Futter genäht.
Für die Henkel legen Sie einen 4 cm breiten Moltonstreifen in einen 10 cm breiten Stoffstreifen ein und steppen ihn auf beiden Seiten ab. Die Länge muß körpergerecht abgemessen werden. Tasche und Futter werden rechts auf rechts bis auf eine Wendeöffnung zusammengenäht. Die Henkel werden nach innen gelegt und dabei mit eingenäht. Wenden Sie die Tasche und schließen Sie die Öffnung. Die Nahtstellen der Henkel sichern Sie mit einem großen aufgesteppten X zur besseren Stabilität.

Nikolausstiefel

Material

- verschiedene Weihnachsstoffe (Gold, Silber, Karo usw.)
- Molton oder Vlies
- Stoff für das Innenfutter
- Band zum Aufhängen

Schneiden

Nach dem Schnittmuster (beliebig vergrößern) werden folgende Teile zugeschnitten:

2 Innenfutterstiefel
1 Moltonstiefel
1 Vliesstiefel und
1 Rückwandstiefel
Innenquadrat: beliebige Größe
Streifenbreite: möglichst unterschiedlich

Nähen und Quilten

Auf den Moltonstiefel werden von der Ferse oder von der Mitte ausgehend die Stoffstreifen rechts auf rechts nach dem Log-Cabin-System aufgenäht. Die überstehenden Stoffstreifen abschneiden. Der Rückwandstiefel wird mit dem Vlies nach dem Schema „Das ist das Haus vom Nikolaus“ mit Goldfaden abgesteppt.

Nun legen Sie auf je einen der genähten Stiefelteile rechts auf rechts den Futterstiefel und steppen am Schaft entlang ab. Überstehende Stoffteile abschneiden. Die beiden Stiefelteile werden nun wieder rechts auf rechts gelegt und in einem Durchgang bis auf eine kleine Wendeöffnung zusammengenäht. Den Stiefel wenden, die Öffnung schließen und die Schlaufe zum Aufhängen anbringen. Bei kleineren Stiefeln ziehe ich mit einer dicken Stopfnadel einfach nur ein Schleifenband als Aufhänger ein und binde eine Schleife.

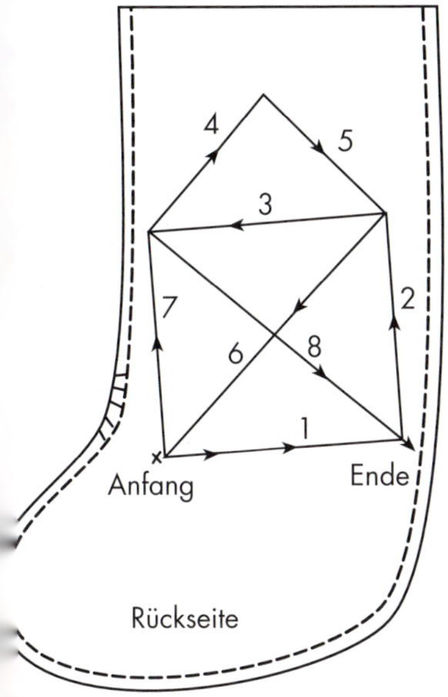

Grußkarten

Grußkarten mit Log-Cabin-Motiv lassen sich für jeden Anlaß ganz leicht herstellen und sind immer willkommen. Kleben Sie einfach ein Mini-Log-Cabin-Patch in eine fertig gekaufte oder selbst zugeschnittene Passepartout-Karte – fertig! Die Farben der verwendeten Stoffe und der Karte können Sie der Jahreszeit entsprechend auswählen.

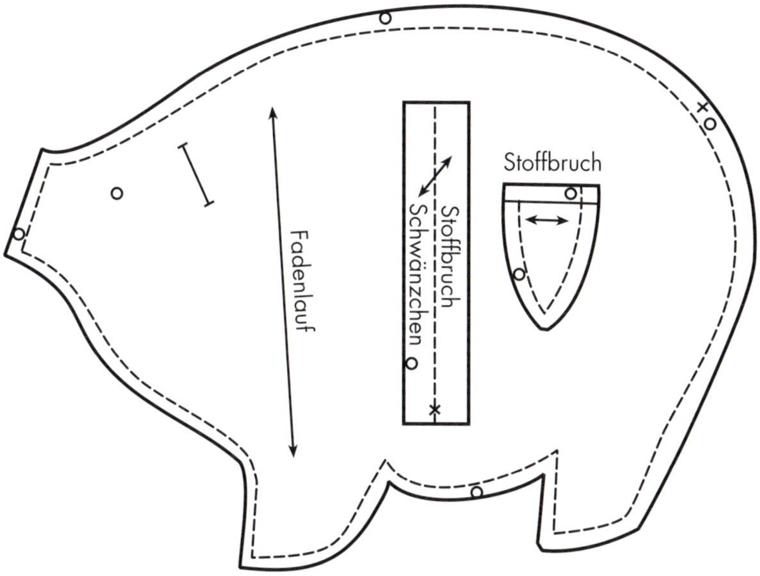

steppen Sie mit einem kurzen Stich die ganze „Sau“ bis auf eine Wendeöffnung unterhalb des Schwänzchens ab. Schneiden Sie überstehende Stoffteile kurz und klippen Sie in engen Kurven den Stoff etwas ein. Wenden Sie das Schwein und stopfen Sie es ganz fest mit Füllwatte aus. Schließen Sie die Öffnung. Kringeln Sie das Schwänzchen und nähen Sie es mit der Hand in dieser Position fest. Biegen Sie die Ohren nach vorne und halten Sie diese ebenfalls mit ein paar Stichen fest. Nähen Sie dazu noch ein paar junge Schweinchen und bringen diese mit großen Druckknöpfen am Bauch der großen „Muttersau“ an.

Country Pig

Anleitung

Schnittmuster beliebig vergrößern und 2 x aus Molton ausschneiden. Benähen Sie den Moltonschnitt mit einem lustigen Log-Cabin Muster und schneiden die überstehenden Stoffstreifen sauber ab. Machen Sie dasselbe noch einmal für die andere Seite des Schweines. Schneiden Sie Ohren und den Ringelschwanz nach der Vorlage aus. Nähen Sie die Ohren an der vorgesehenen Stelle mehrmals mit der Maschine fest und bringen Sie auch gleich die Augen an. Legen Sie das Ringelschwänzchen zwischen beide Schweinehälften und

Anhang

Dank der Autorin

I couldn't have done it without you!

Bedanken möchte ich mich ganz herzlich für die fruchtbare und selbstlose Unterstützung durch Ulrike Distl. Ohne ihre fachkompetenten, rücksichtsvollen Hinweise wäre ich bei der Beschreibung des Log Cabin vom Hundertsten ins Tausendste gekommen, hätte all die vielen Stunden am Computer nicht überstanden und niemals die Grafik „Snow Flake" gemacht – die hat sie ganz einfach für mich übernommen.

Ganz herzlich bedanke ich mich auch bei meiner langjährigen Freundin Traudl Scherbaum, die in immer gleichbleibender, liebenswerter Art mit Rat und Tat zur Stelle ist, wenn's knifflig wird.

Dank auch an meine Kinder und meinen Mann für ihr Verständnis, ihre moralische Unterstützung.

Außerdem bedanke ich mich bei der von mir 1989 gegründeten Gruppe, die noch immer keinen Namen hat: Ursel Sauer (weiße Tischdecke), Ilsedore Leheis-Klenner (Illes kleiner Wandbehang), Elke Hartmann, Karin Oppermann, Christine Köhne, Eleonore Stary, Rosi Werzinger, Hildegard Hänsch, Hildegard Schmidinger (Ausleihen eines antiken Log-Cabin), Karin Reichert, Traudl Scherbaum (Geburtstagsquilt, Pineapple, Eierwärmer), Edel Jacobs, Jutta von Petersdorff, Ulrike Distl (Weihnachtsbaum), Helga Neumeier, Sabine Schneider (patriotischer Log Cabin).

Weiterer Dank geht an die Teilnehmerinnen meiner Kurse: die Bildhauerin Björg Helle Schedel (Frühling und Höhenflug), Regina Spöttl (Katzenquilt), Veronika Deutzer (Wildlife), Birgit Lechner (Heuwaage), Ingrid Rösch (Griechisch-Römisch), Theodora März (Erstlingswerk) sowie Arthur Sack für das Ausleihen der von mir angefertigten Magnolienquiltdecke.

Last but not least bedanke ich mich bei allen Spenderinnen der „Patches fürs Archiv".

Die Idee, aus dem Log-Cabin-Muster Häuserreihen entstehen zu lassen, stammt von Flavin Glover aus Alabama und wurde für Christl Egensperger, München, von einer amerikanischen Frauengruppe nachgearbeitet. Mit Erlaubnis von Christl Egensperger habe ich ihre Decke am PC nachgestellt und mit meiner Gruppe für dieses Buch angefertigt. Freundlicherweise gab mir Frau Egensperger dann auch noch ihren Häuserquilt und die blaue Ammonitendecke.

Die Autorin

Drei Frauen suchten ein typisches Mitbringsel aus Amerika für eine Freundin in der Schweiz – einen Quilt natürlich. Das war im Sommer 1982. Damals wußte Veronika Busse noch nicht, was ein Quilt ist. Ihre amerikanische Nachbarin Marion war da schon ein ganzes Stück weiter. Sie kaufte bei allen erreichbaren Versteigerungen ungeöffnete Wäschetruhen, immer in der Hoffnung, Quilts darin zu finden, was ihr auch meistens gelang. Sie reiste zu allen erreichbaren Flohmärkten und kaufte alte handgenähte und handgequiltete Quilts. Nie zahlte sie mehr als 50 Dollar. Die Quilts hat sie restauriert und gestapelt, 42 dekorieren ihr Haus, unzählige andere wurden und werden verkauft. Veronika Busse, die von Februar 1982 bis Oktober 1986 in Oklahoma lebte, erinnert sich: „Einmal besuchten wir gemeinsam einen Flohmarkt in Marlow. Dort sah ich einen fetten Farmer auf der Laderampe seines Pickups sitzen, der mit seinem breiten Gesäß einen alten Quilt 'bügelte'.

Ich bot ihm 50 Cents für seine Unterlage, da hob er seine linke Backe, dann seine rechte Backe und gab mir den Quilt. Aus den noch guten Teilen konnte ich immerhin ein paar schöne Kissen machen. Nach dieser lustigen Erfahrung fing auch ich sehr bald an, Ausschau nach alten, handgenähten Quilts zu halten. Es dauerte noch eine ganze Weile, bis ich anfing, selbst Quilts zu nähen. Nun, 15 Jahre später, nach vielen traditionellen Motiven, fasziniert mich immer noch die Vielfältigkeit des Log Cabins, einer Technik mit vielen Gesichtern. Aus dieser Faszination heraus ist dieses Buch entstanden. Ich wünsche allen Leserinnen und Lesern viel Erfolg beim Nähen ihrer hoffentlich vielen schönen Log-Cabin-Quilts."

Glossar

Die wichtigsten **Quiltbegriffe** und ihre Kurzerklärung

Album Quilt
Freundschaftsquilt, oft als Geschenk zum 21. Geburtstag

Amish People
Religionsgemeinschaft

Appliqué Quilt
Die Quiltoberseite ist nur aus applizierten Blöcken hergestellt

Backing of a Quilt
Rückseite des Quilts

Basting
Heften

Batting
Mittlere Lage des Quilts, meist aus Synthetikvlies, Baumwolle oder Wolle

Beeswax
Bienenwachs, um den Quiltfaden einzuwachsen, damit er nicht so schnell aufribbelt

Betweens
Kurze Nadeln zum Quilten. Je kürzer die Nadel, desto höher die Nummer. Größe 8/9/10 für Baumwollquilts, Größe 11/12 für Seidenquilts

Bias
Schräger Fadenlauf, der Stoff ist an dieser Stelle leicht dehnbar. Bei Kurventechniken einziger Weg die Kurve zu nähen.

Binding
Schrägstreifen oder normale Steifen als letzte Abschlußkante des Quilts

Bleeding Fabric
Stoff, der beim Waschen Farbe verliert

Bonded
Die Fasern, aus denen das Vlies hergestellt wird, werden durch ein Bindemittel zusammengehalten

Border
Randeinfassung des Quilts

Bridal Quilt
Braut-Quilt, er wurde von Freunden der Braut zur Hochzeit geschenkt

Calico
Musselin mit winzigen floralem Muster

Charm Quilt
Ein Patchwork-Quilt für den der Stoff lange gesammelt wird. Kein Stoff kommt zweimal darin vor.

Crazy Quilt
Mit System angeordnete Unordnung von wertvollen Stoffen, die reichlich mit Zierstichen dekoriert wird.

Cutter
Rollschneider

Kilt
Schottenrock

Log Cabin
Blockhütte

Mat
Schneideunterlage für den Cutter

Medallion Quilt
Ein auf die Spitze gestelltes Quadrat dominiert in der Mitte des Quilts und wird mehrfach durch andere Muster eingerahmt.

Musselin
Musselin, preisgünstiger, enggewobener, cremefarbener oder gebleichter, leichter Baumwollstoff

Nine-Patch
Muster aus 9 Teilen

Patch
Einzelnes Musterstück

Patchwork Quilt
Die Quiltoberseite ist aus verschiedenen Stoffen und Mustern hergestellt.

Pattern
Muster

Piece
Stück

Quilt-as-you-go
Jeder einzelne Musterblock wird einzeln gequiltet und erst später zu einem Quilt zusammengenäht.

Quilting Frame
Ein großer rechteckiger Rahmen, der einen ganzen Quilt gleichmäßig gespannt hält. Vier oder mehr Personen können gleichzeitig daran arbeiten.

Quilting Hoop
Quiltrahmen, meist oval oder rund, nur eine Person kann daran arbeiten.

Quilting Stitch
Ein kurzer Vorwärtsstich, der die drei Stofflagen zusammenhalten soll. Er kann dekorativ, in der Naht oder neben der Naht, gearbeitet werden. Das ist ganz von der gewünschten Wirkung abhängig.

Ruler
Durchsichtiges Plastiklineal mit Markierungen

Sampler Quilt
Quilt aus verschiedenen Techniken, meist ein Übungsobjekt, um verschiedene Muster zu erlernen

Sashing
Einrahmung des einzelnen Musterblocks, Zwischenstreifen

Seam Ripper
Saumtrenner

Selvages
Webkanten

Strip Quilt
Streifen aus Motiven, zum Beispiel Flying Geese

Templates
Schablonen für die Patchworkteile

Tied Quilting
Knoten statt quilten. Geht schnell, sieht lustig aus, besonders wenn man Schleifchen bindet oder Knöpfe verwendet.

Trapunto
Betonung besonderer Quiltmotive durch Ausstopfen mit Füllwatte

Wadding
In England das Wort für Vlies

Wholecloth Quilt
Quiltoberseite besteht aus einem einzigen einfarbigen Stück Stoff und wird sehr reich mit Quiltmuster verziert.

Maßeinheiten:

1/4 Inch	3/8 Inch	1 Inch
0,6 cm	1 cm	2,5 cm
2 Inch	4 Inch	40 Inch
5,1 cm	10,2 cm	101,6 cm
1/8 Yard	1/4 Yard	1/2 Yard
0,11 cm	0,23 cm	0,46 cm

1 Yard
Maßeinheit 91,5 cm

Die Deutsche Bibliothek – CIP-Einheitsaufnahme
Patchwork quilting, log cabin :
schnelle Quilts im Blockhaus-Muster, Variationen und Anwendungsideen /
Veronika Busse. –
Augsburg : Augustus-Verl., 1998
ISBN 3-8043-0523-7

Im Augustus Verlag sind folgende weiteren Bücher zum Thema Patchwork-Quilting erschienen:

- *Gail Lawther/Angela Besley: Grundkurs Patchwork-Quilting*
- *Dörte Bach: Patchwork-Quilting leicht und schnell*
- *Dörte Bach: Patchwork-Quilting – Klassische Muster schnell genäht*
- *Christiane Nießeler: Patchwork-Taschen*
- *Burda praxis Patchwork-Quilting*

Autorin und Verlag danken der Firma Klass & Gessmann, Reutlingen, die für Fotozwecke einige ihrer Quiltrahmen zur Verfügung gestellt hat.

Fotografie: S. 30 unten u. S. 68: privat; alle übrigen: Klaus Lipa, Augsburg
Lektorat: Helene Weinold-Leipold
Umschlaggestaltung: Christa Manner, München

Layout: Anton Walter, Gundelfingen

Augustus Verlag Augsburg 1998

Satz: Gesetzt aus 10 Punkt Weidemann Book von DTP-Design Walter, Gundelfingen
Reproduktion: GAV Prepress, Gerstetten
Druck und Bindung: Appl, Wemding

Gedruckt auf 120 g umweltfreundlich elementar chlorfrei gebleichtes Papier.

ISBN 3-8043-0523-7

Printed in Germany